图 2-1　狮头鹅

图 2-2　合浦鹅

图 2-3　图卢兹鹅

图 2-4　皖西白鹅

溆浦鹅（♂♀）　　溆浦鹅（♂♀）

图 2-5　溆浦鹅

图 2-6　浙东白鹅

图 2-7　四川白鹅

图 2-8　雁鹅

图 2-9　朗德鹅

图 2-10　莱茵鹅

太湖鹅公鹅　　太湖鹅母鹅

图 2-11　太湖鹅

豁眼鹅（♂）　　豁眼鹅（♀）

图 2-12　豁眼鹅

乌鬃鹅（♂）　　乌鬃鹅（♀）

图 2-13　乌鬃鹅

籽鹅（♂）　籽鹅（♀）

图 2-14　籽鹅

百仔鹅（♂）　百仔鹅（♀）

图 2-15　百仔鹅

长乐鹅（♂）　长乐鹅（♀）

图 2-16　长乐鹅

阳江鹅（♂）　阳江鹅（♀）

图 2-17　阳江鹅

畜禽规模化养殖丛书

鹅规模化养殖技术图册

主编 刘 健 李 娟

河南科学技术出版社

·郑州·

图书在版编目（CIP）数据

鹅规模化养殖技术图册/刘健，李娟主编.—郑州：河南科学技术出版社，2019.10

ISBN 978-7-5349-9298-8

Ⅰ.①鹅… Ⅱ.①刘… ②李… Ⅲ.①鹅-饲养管理-图解 Ⅳ.①S835.4-64

中国版本图书馆CIP数据核字（2019）第025715号

出版发行：河南科学技术出版社

地址：郑州市郑东新区祥盛街27号　　邮编：450016

网址：www.hnstp.cn

策划编辑：陈　艳　陈淑芹

责任编辑：陈　艳

责任校对：司丽艳

封面设计：张德琛

责任印制：朱　飞

印　　刷：河南省环发印务有限公司

经　　销：全国新华书店

开　　本：850 mm×1168 mm　1/32　印张：8.25　彩插：4面　字数：220千字

版　　次：2019年10月第1版　　2019年10月第1次印刷

定　　价：29.80元

如发现印、装质量问题，影响阅读，请与出版社联系并调换。

本书编委会名单

主　　编　刘　健　李　娟

副 主 编　谢占民　王　玲　郭育培　刘艳芳

编写人员　郭军辉　孙素歌　王　娟　杨雪亚

　　　　　柴银平　张　强　张　玉　赵瑞霞

　　　　　黄　旭　徐中兴

前　言

我国是世界上最早养鹅的国家之一。据历史考证，早在3 000多年前，我国就开始驯化养鹅。我国也是全世界鹅种资源遗传多样性最丰富的国家，2008 年中国第三次畜禽遗传资源普查编写的《中国禽类遗传资源》中收录鹅品种 36 个，有大型鹅种狮头鹅，有中型鹅种皖西白鹅、浙东白鹅、雁鹅和四川白鹅等，有小型鹅种豁眼鹅、扬州鹅、太湖鹅等，这些鹅种都是极珍贵的品种资源。

我国养鹅历史悠久，养鹅是畜牧生产中的传统产业，饲养量和消费量居世界之首。我国鹅的产量占世界总产量的 90%以上。养鹅业每年为社会提供鹅肉、羽毛（绒），在国际上占有优势地位，已成为国家出口创汇和农民增加收入的支柱产业之一。根据联合国粮食及农业组织（FAO）公布的数据，2011 年我国鹅存栏 3. 32 亿只，占世界总量的 89. 72%；2011 年我国鹅出栏 6. 10 亿只，占世界总量的 93. 98%；2012 年我国鹅出栏数量接近 6. 29 亿只，我国已成为名副其实的养鹅大国。

随着我国人民生活水平的提高，人们对食品的要求越来越高，不仅要求安全绿色而且要利于健康。鹅产品越来越受到人们喜爱，因为其种类多、营养好、风味鲜美，符合国人传统消费的要求，而且符合绿色安全健康消费要求。世界卫生组织发布的“2012 健康食品排行榜”中，鹅肉位列肉类第一。专家指出，鹅肉是一种高蛋白、低脂肪、低胆固醇的健康食品，它的营养价值之所以高，主要在于它所含氨基酸成分比例和人体氨基酸的比例接近，人体摄入之后更容易吸收和消化；脂肪含量较低而且是不饱和脂肪酸，具有软化血管、预防动脉粥样硬化等功效。在国际市场上，鹅肉价格较鸡肉价格高 2~3 倍，法国有“穷人吃鸡、富人吃鹅”之说。发达国家视鹅肥肝为世界三大美味（鹅肥肝、松茸蘑、鲜鱼子酱）之一的营养保健食品。

发展养鹅业具有重大的现实意义。第一，发展养鹅业有利于畜牧业结构的调整。鹅属于草食家禽，发展养鹅业符合我国人多地少、农村剩余劳力和农副产品丰富的国情。第二，发展养鹅业有利于农民增收。鹅耐粗饲、抗病力强，饲养投入少，见效快，是农民增收和农村剩余劳动力转移的重要途径。第三，我国养鹅业在国际市场上具有较强的竞争力，是 21 世纪中国独具竞争优势的朝阳产业。我国养鹅业发展有得天独厚的品种资源，能进行规模化、产业化商品生产。国际市场鹅产品前景广阔，需求量逐年增加。但发达国家劳动力昂贵，品种资源处于劣势地位，生产成本相对较高。而我国劳动力资源丰富、工资待遇低、技术力量雄厚，鹅品种资源丰富，生产类型多种多样，具有良好的发展条件。

养鹅业和我国其他养殖业一样，存在养殖环境恶化、疾病多发、生产成本高、成活率低的现状，要想摆脱这种现状，必须发展标准化养殖。标准化养殖是在规模养殖场场址布局、栏舍建设、生产设施配备、良种选择、投入品使用、卫生防疫、粪污处理等方面严格执行法律法规和相关标准的规定，并按程序组织生产过程，达到畜禽和自然的和谐，在经济上、社会上、生态上产生综合效益，并能保持稳定持续发展的养殖方式。

本书在编写过程中，力求做到内容新颖实用，表述生动活泼，语言通俗易懂，紧扣标准养殖主题，切合生产实际。本书适合广大养殖户、养殖场员工以及畜牧兽医科技人员阅读参考。

本书图文并茂，介绍了鹅的生物学特性、品种选育、种蛋孵化、场址选择、饲料营养、饲养管理、卫生防疫与保健等内容，希望养殖者在养鹅过程中保障鹅的健康，生产出安全、优质、有利于人类健康的水禽产品。

本书在编写过程中参阅了国内的有关文献和专著，并引用了其中一些资料，在此对这些文献和专著的作者表示由衷的感谢！

由于作者水平有限，书中不足之处，恳请读者指正。

编者

2019 年 3 月

目　录

第一部分　养鹅的意义与条件 …………………………（1）
第一节　现代养鹅的意义 ………………………………（1）
一、养鹅是中国的特色养殖业 ………………………（1）
二、发展养鹅业的意义 ………………………………（3）
三、中国养鹅的现状 …………………………………（10）
四、存在的问题 ………………………………………（15）
五、走中国特色现代养鹅业发展之路 ………………（18）
第二节　标准化养鹅应具备的条件 ……………………（19）
一、对生产和经营者的素质要求 ……………………（19）
二、市场需求变化对行业的影响 ……………………（20）
三、鹅的品种质量方面 ………………………………（21）
第二部分　鹅的优良品种与选育 ………………………（24）
第一节　鹅的优良品种 …………………………………（24）
一、大型鹅主要品种 …………………………………（24）
二、中型鹅主要品种 …………………………………（28）
三、小型鹅主要品种 …………………………………（39）
第二节　鹅的选种与育种 ………………………………（46）
一、选种 ………………………………………………（46）
二、育种 ………………………………………………（48）
三、繁殖技术 …………………………………………（53）
第三部分　鹅场规划设计与场舍环境控制技术 ………（59）
第一节　标准化鹅场规划设计 …………………………（60）
一、鹅场的选址 ………………………………………（60）

二、鹅场的布局 …………………………………… (64)
三、鹅舍建筑 ………………………………………… (65)
四、鹅舍设施 ………………………………………… (74)
第二节 鹅舍环境控制 …………………………………… (79)
一、舍内温度控制 …………………………………… (79)
二、舍内湿度控制 …………………………………… (80)
三、舍内通风控制 …………………………………… (80)
四、光照及其控制 …………………………………… (82)
五、噪声及其控制 …………………………………… (83)
六、尘埃和微生物及其控制 ………………………… (83)
第四部分 鹅的孵化技术 ……………………………… (84)
第一节 种蛋的管理 …………………………………… (84)
一、种蛋的选择 ……………………………………… (84)
二、种蛋的保存 ……………………………………… (88)
三、种蛋的包装运输 ………………………………… (91)
四、种蛋的消毒 ……………………………………… (92)
第二节 种蛋孵化 ……………………………………… (95)
一、孵化前的准备 …………………………………… (96)
二、种蛋孵化与日常管理 ………………………… (104)
第三节 初生雏鹅的分级检疫及运输 ……………… (113)
一、初生雏的分级 ………………………………… (113)
二、初生雏的检疫 ………………………………… (114)
三、初生雏的运输 ………………………………… (115)
第四节 雏禽的性别鉴定 …………………………… (116)
一、翻肛法 ………………………………………… (117)
二、捏肛法 ………………………………………… (118)
三、顶肛法 ………………………………………… (118)

第五部分　鹅的营养需要与常用饲料 …………………… (119)
第一节　鹅的营养需要 …………………………………… (119)
一、能量的需要 ……………………………………… (120)
二、蛋白质的需要 …………………………………… (121)
三、矿物质的需要 …………………………………… (123)
四、维生素的需要 …………………………………… (126)
五、水的需要 ………………………………………… (131)
第二节　鹅常用饲料 ……………………………………… (132)
一、能量饲料 ………………………………………… (132)
二、蛋白质饲料 ……………………………………… (139)
三、矿物质饲料 ……………………………………… (145)
四、饲料添加剂 ……………………………………… (148)
第三节　种草养鹅与常用青绿饲料 ……………………… (150)
一、种草养鹅的推荐模式 …………………………… (150)
二、养鹅常用的牧草 ………………………………… (151)
第六部分　鹅的饲养管理 ………………………………… (160)
第一节　肉仔鹅饲养管理 ………………………………… (160)
一、雏鹅培育 ………………………………………… (160)
二、肉鹅饲养与管理 ………………………………… (178)
第二节　种鹅饲养管理 …………………………………… (190)
一、种鹅苗的选留批次 ……………………………… (190)
二、青年鹅的饲养管理 ……………………………… (191)
三、后备鹅的饲养管理 ……………………………… (194)
四、预产期鹅的饲养管理 …………………………… (200)
五、繁殖期种鹅的饲养管理 ………………………… (206)
六、休产期种鹅的饲养管理 ………………………… (219)
第七部分　鹅场卫生防疫与保健 ………………………… (222)
第一节　综合性卫生防疫措施 …………………………… (222)

一、场区布局要求 …………………………… (223)
二、严格隔离 …………………………………… (224)
三、严格消毒 …………………………………… (228)
四、实行全进全出的饲养制度 ……………… (234)
五、制订科学防疫计划 ……………………… (235)
六、做好疫病监测及防应激工作 …………… (236)
第二节 养鹅安全用药技术 ………………… (237)
一、家禽药物的使用方法 …………………… (237)
二、合理用药 …………………………………… (246)
第三节 鹅群免疫接种与免疫程序 ………… (250)
一、鹅免疫接种的途径与方法 ……………… (250)
二、免疫程序 …………………………………… (252)
三、紧急接种 …………………………………… (254)

第一部分　养鹅的意义与条件

第一节　现代养鹅的意义

一、养鹅是中国的特色养殖业

我国有三千多年的养鹅历史，在漫长的农耕文明时代，勤劳智慧的中国人民，因地制宜，培育出了几十个不同类型的优良鹅品种，据 1985 年出版的《中国家禽品种志》记载，被列入国家品种志的鹅品种有 12 个，加上各省地方品种志所载的鹅品种，全国的鹅品种共有 30 多个，超过欧美诸国的鹅品种的总和，是世界上鹅品种资源最丰富的国家，对发展养鹅业做出了巨大贡献。

我国地方鹅品种的资源优势如图 1-1 所示。

改革开放以来，在国家的富民政策引导下，人们解放了思想，改变了观念，拓宽了视野，启发了创新思维，在优化畜禽结构调整过程中，把传统养鹅业当作朝阳产业，因地制宜，大力发展起来，取得了空前巨大的成就。

养鹅是我国的传统、特色养殖业，我国鹅的产量占世界总产量的 90%以上。养鹅业每年为社会提供鹅肉、羽毛（绒），在国际上占有优势地位，已成为国家出口创汇和农民增加收入的支柱产业之一。据《中国养殖业年鉴》报道，中国养鹅数量和屠宰

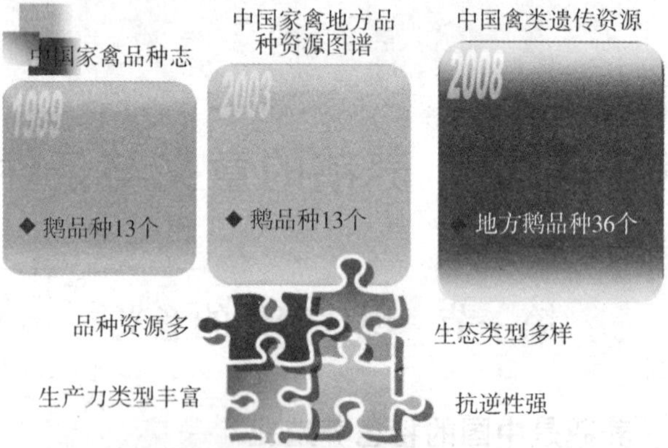

图 1-1　我国鹅品种资源

量每年以5%~6%的速度递增。根据FAO公布的数据，2011年，我国鹅存栏3.32亿只，占世界总量的89.72%；2011年，我国鹅出栏6.10亿只，占世界总量的93.98%；2012年，我国鹅存栏数量近3.50亿只，出栏数量近6.29亿只。根据FAO公布的鹅出栏量，按照一只鹅出鹅肉2.40千克折算，2011年，我国鹅肉产量为144.60万吨，占世界鹅肉总产量的94.56%，居世界第一，是名副其实的世界养鹅大国和鹅肉产品消费大国（图1-2）。根据十七届三中全会提出“农业现代化”发展现代农业的精神和国际上大力发展现代畜牧业的形势来审视我国养鹅的现状，我国现在只是养鹅大国而不是养鹅强国，大而不强则缺乏竞争优势，制约了养鹅业高效、持续发展，亟待以科学发展观为统领，同心协力，继续奋发图强，充分利用我们的优势条件，尽快实现由养鹅大国向养鹅强国的转变。

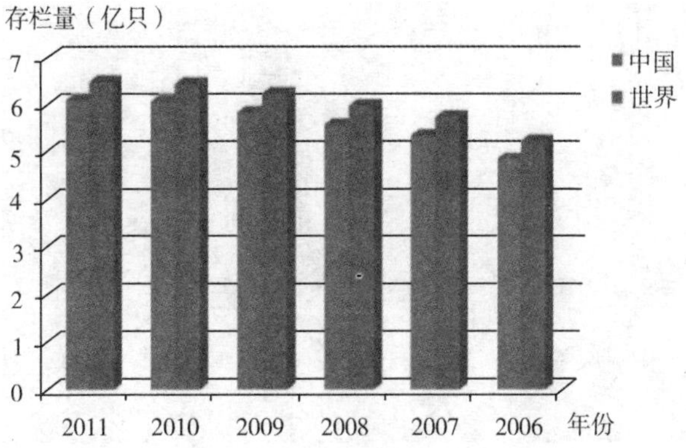

图 1-2　我国与世界鹅存栏量

二、发展养鹅业的意义

鹅是以食草为主的大型水禽，具有很强的生活力和适应性，抗病力比较强，疾病比较少，用药少。鹅肉属绿色安全食品，有益于人体健康；早期生长发育快，饲养周期短，经济周转快，全身是宝，综合开发利用价值高；能充分利用青粗饲料，耗料少，不与人争粮；饲养设施比较简单，投资比较少，在畜禽养殖业中，养鹅具有独特的优势，发展现代养鹅业意义重大。

1. 适合国情，富强“三农”　我国目前基本情况是：人多地少，2.6 亿农户，人均耕地仅 1.39 亩，土地资源短缺，农户生产经营规模小、投资少，组织化程度低，文化、知识、科技水平低，若能因地制宜，大力发展养鹅业，对加速解决“三农”问题将会有独特的效果。鹅的生活力、抗逆力比较强，耐粗放饲养，饲养设施比较简单，投资比较少，且以青粗饲料为主，耗料少、疾病少、用药也少，饲养成本比较低，还可以与农、林、果、渔协调发展，产生良好的生态经济效益（图 1-3）。

鹅既能规模饲养，也能小群分散饲养；既能有水饲养，也可

图 1-3　种草养鹅

旱养；既能地面饲养，也可网上饲养；既能放养，也可圈养，全劳力、半劳力都能养；既可专业养，也可农鹅结合养。投资可多可少，规模可大可小，很适合农村饲养。鹅早期生长快，商品鹅饲养周期短，一般 70~80 天即可出栏上市，经济周转快。农鹅兼业户，一年可养 3 批商品肉仔鹅，正常情况下，每只肉仔鹅可盈利 6~10 元，以平均 8 元计算，每批 500 只，可盈利 4 000 元，一年 3 批可盈利 12 000 元；专业户一年可养 4 批，每批平均 1 200只，一年可盈利 38 400 元；专业户养肉仔鹅可以与养种鹅相结合，一户养种鹅平均以 100 只计算，每只种鹅年平均产种蛋 60 枚，以每枚种蛋平均 2. 8 元计算，每只种鹅的收入为 184 元，总收入为 18 400 元。

据测算，我国的载鹅量约为 30 亿只，现在只有 6 亿只左右，发展空间巨大。根据我国的自然生态条件，农区和半农半牧区 70%以上的农户都可以养鹅，以产业化生产经营模式发展现代化鹅产业，既能让亿万农民就地就业，维护家庭团结与和谐社会的稳定；还能几倍地增加鹅产业的产值，让农民富裕起来，从而增强社会主义新农村建设的实力，促进新农村建设快速发展。

2. 有利于粮食安全和科学发展　民以食为天，吃饭问题是全人类永恒的主题。粮食安全问题是中国农业永恒的话题。我国人多地少，农业资源短缺，工业化、城镇化速度加快，人增地减趋势明显。随着人民生活水平日益提高，粮食消费需求量日益增加，与世界农业基本现状相比较，中国明显存在粮食安全问题。

目前，我国动物饲料用粮占全国粮食总产量的30%，如何解决粮食安全与发展畜牧业的矛盾，成为我们面临的重大而紧迫的课题。专家建议大力发展节粮型畜牧业，认真改变人畜共粮的传统，实施人畜分粮的产业政策，使有限的粮食供养日益增长的人口，促进社会协调发展。国家适时出台了"稳定猪、鸡生产，大力发展草食动物（牛、羊、鹅、兔）"的畜牧业结构调整政策，收效日益明显。以鹅为例，养鹅以青粗饲料为主，饲料粮食比例约为40%，而猪、鸡、鸭则需70%左右；鹅早期生长快，肉仔鹅70天左右活重可达3.0千克，一只种鹅一年可以提供35只鹅苗，能产出100千克肉仔鹅，是种鹅自身体重的23倍多。鹅耗料少，肉料比为1∶（0.8～1.5）。所以，因地制宜，大力发展养鹅业，不仅可以把人们不能利用的植物的茎、叶、秆等含有丰富蛋白质、脂肪、碳水化合物的绿色营养体转化为人类营养保健所需要的优质鹅肉，提高人体健康水平；还能大量节约粮食，对确保国家粮食安全，缓解社会矛盾发挥重要作用，从而促进经济、政治、社会全面协调发展（图1-4）。

3. 符合时代需要、增进人体健康　21世纪是人类追求健康的世纪，而食物营养物质则是人体健康的物质基础，追求营养绿色健康食品必将是时代的潮流。对鹅肉营养成分化验分析评价认为，鹅肉是典型的理想的高蛋白、低胆固醇、高不饱和脂肪酸、无污染，营养全面丰富的绿色动物食品。鹅肉中蛋白质含量为22.3%，鸭肉为21.4%，鸡肉为20.6%，牛肉为18.7%，羊肉为

图 1-4　林下放养

16. 7%，猪肉为 14. 8%。从生物学价值与评价角度认为，鹅肉中的蛋白质是全价蛋白质、优质蛋白质，含有人体生长发育所必需的各种氨基酸，其组成接近人体所需氨基酸的比例，其中赖氨酸和丙氨酸含量高于肉仔鸡 30%，组氨酸高出 70%，还富含人体必需的多种维生素、微量元素和矿物质，对人体健康十分有益。而脂肪含量低于其他畜禽，鹅肉中为 11. 2%，猪肉为 28. 8%，羊肉为 13. 6%；且鹅肉脂肪熔点低，为 26~34℃，鸭为 34~38℃，鸡为 33~40℃，鹅肉脂肪质地柔软，容易被人体消化吸收；其不饱和脂肪酸含量高，特别是亚麻酸远高于其他肉类。因此，鹅肉于 2002 年被联合国粮农组织列为 21 世纪重点发展的绿色食品之一。世界卫生组织经过 3 年的研究，于 2007 年评定了三种最佳肉食，鹅肉位居榜首（图 1-5）。

欧洲人喜欢吃鹅肉，市场上 500 克鹅肉售价比鸡肉高出 2~3 倍，在法国高出 3. 5 倍，素有“富人吃鹅，穷人吃鸡”的说法，特别是圣诞节夜餐，一定要有鹅肉，否则，就等于没有过好圣诞节，会留下遗憾。近几年，世界上一些地方发生了几种畜禽烈性传染病事件，引发了食品安全风暴，激发了人们对食品安全的高度重视，对比之下，人们认为鹅肉是真正的放心肉，吃鹅肉必将

图 1-5　鹅肉

成为世界的消费方向。

中医认为，鹅肉具有温中益气、补虚填精、健脾胃、活血脉、强筋骨、解铅毒之功效，能有效改善女性月经不调、贫血等症状。民间有“喝鹅汤、吃鹅肉，一年四季不咳嗽”的说法（图 1-6）。

鹅血中含有免疫球蛋白、抗癌因子，能通过宿主的中介作用，强化人体的免疫系统，对癌症的防治产生明显的效果。据报道，上海市 20 多家医院临床验证，鹅血制剂治疗胃癌、食管癌、肺癌、乳腺癌、肝癌等恶性肿瘤 334 例，显效者 17 例，症状缓解者 200 例，总有效率达 65%，对艾氏腹水癌的抑制率达 40%。另外，鹅的胸腺特别发达，成年鹅的血清蛋白含量较高，外围血液中白细胞总数比其他家禽都高，食用保健效果好。

鹅肝营养丰富，质地细嫩，味道鲜美，其中脂肪含量高达 60%~70%，不饱和脂肪酸 65%~80%，软脂酸 21%~22%，硬脂酸 11%~12%，亚油酸 1%~2%，十六碳烯酸 3%~4%，肉豆蔻酸 1%；每 100 克肥肝中含卵磷脂 4.5~7 克，脱氧核糖核酸和核

图 1-6　鹅汤

糖核酸 9%~13.5%。不饱和脂肪酸可有效降低人体血液中的胆固醇含量；卵磷脂能降低血脂，软化血管，延缓衰老，防治心脑血管疾病的发生；亚油酸为人体所必需，且人体内不能合成。由于鹅肥肝中含有很多有利于人体健康的元素，所以被誉为世界“绿色食品之王、三大美味之首”（图 1-7）。

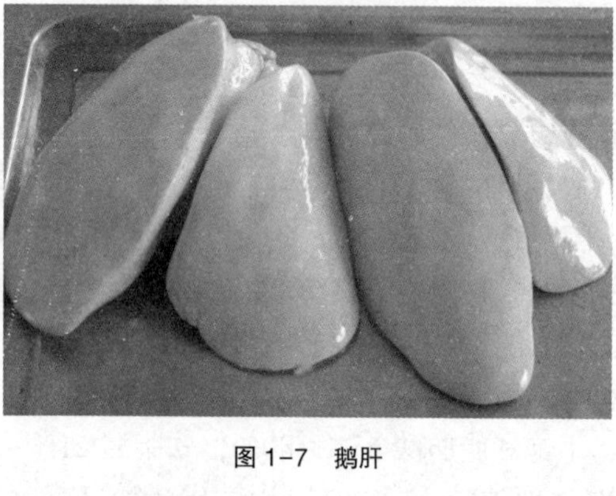

图 1-7　鹅肝

4. 鹅全身是宝，综合开发利用价值高　鹅肉是 21 世纪真正的绿色动物食品，鹅肉深、精加工品的价值比鹅肉自身价值还要高 2~4 倍；鹅羽绒、鹅肥肝、鹅裘皮、鹅毛、鹅掌、鹅舌、鹅肠等都是高价值的产品。例如羽绒，一只成鹅一次的羽绒售价为 7~13 元，专用于生产羽绒的鹅一年可以收获羽绒 4~6 次，产量 400~600 克，种鹅休产期可拔 2~3 次羽绒，国内市场每千克售价 30~35 元，出口含绒量在 70%的羽绒每吨为 4 万美元左右，含绒量达 85%的羽绒每吨达 7 万多美元（图 1-8）。鹅绒裘皮是新近研制成功的国家专利产品，由于鹅绒裘皮的特性优于其他毛皮动物的裘皮，所以人们格外地喜爱，被誉为珍品，被用作军用内衣、登山滑雪运动衣、高寒野外御寒用品等，具有很高的开发价值。

鹅血不仅营养价值高，其制品对多种癌症的治疗效果较好，开发前景好。鹅掌、鹅舌、鹅肠等都是综合开发利用价值很高的产品。

图 1-8　鹅绒

5. 产业竞争压力小，发展空间巨大　由于鹅的生物学特性和生理特点的制约，养鹅业属于劳动密集型产业，不适于大规模工厂化、现代化饲养，发达国家劳动力短缺，工资高，不宜发展养鹅业，而他们的经济发达，文化科技水平高，生活水平高，需要消费优质营养安全的鹅产品。据统计，世界上190多个国家和地区中养鹅较多的国家仅有中国、加拿大、阿根廷、埃及、以色列、缅甸、泰国、丹麦、法国、波兰、希腊、匈牙利、新西兰等16个国家，而中国养鹅数量占世界养鹅总量的88%左右，匈牙利、法国和以色列都生产肥肝鹅，其他国家的养鹅量很少，预测将来也不会太多，所以，我国发展养鹅业，国外竞争对手少，国内没有进口压力，可以因地制宜，大力发展。目前全国有约6亿只鹅，人均仅有0.6只左右，发展到26亿只，人均也只有2只，市场空间大，经济社会效益将更大。反观我国的养猪、奶牛、肉鸡、肉鸭等产业，国外的竞争对手实力强，国内的进口压力大，市场波动频繁，应该权衡轻重，扬长避短，因地制宜，积极科学地快速调整畜牧业产业结构。

三、中国养鹅的现状

1. 规模养鹅遍布全国，数量迅速发展，质量逐步提高 全国除西藏、青海、甘肃外，其他各省市区都分布有数量不等的规模养鹅场，其中养鹅4 000万只以上的有江苏、广东、安徽、四川、河南、山东等。在黑龙江的农垦系统、新疆建设兵团系统的规模养鹅蓬勃发展，内蒙古半农半牧区的养鹅业也发展迅速，自然生态条件较差的山西，近几年在部分地区，养鹅业也异军突起，黑龙江、吉林、辽宁的规模养鹅业也快速、稳定发展，质量逐步提高，其中黑龙江的依安县、吉林的农安县、辽宁的彰武县等都狠抓县域特色养鹅业经济富民工程，全县每年发展规模养鹅达200万只，经济、社会效益显著，依安县被农业部授予“白鹅之乡”的称号，颇具示范效应。河南的专家于2000年3月通过媒体发出“谁有远见谁养鹅”的倡导，激发了广大农民养鹅的积极性，不到3个月的时间，在全省70多个县市发展规模养鹅

900 多万只，到 2009 年养鹅规模近 4 000 万只。为了推动河南由规模养鹅大省迅速向现代养鹅强省转变，河南省及时采取科技培训，持续定期举办现代养鹅研讨会，组建了不同形式的鹅业发展示范基地，实施产业化工程等举措，收效明显。

2. 良种鹅受到重视，种质改善，效益提高　良种是强鹅之本。我国是世界上鹅品种资源最丰富的国家，拥有世界上最丰富、最庞大的鹅种资源基因库。良种是鹅业生产的基础，应该高度重视，合理地进行保护和开发利用。国家畜禽资源管理委员会根据调查已为我国现有的 20 多个鹅品种中的豁眼鹅、四川白鹅、皖西白鹅、鄢县白鹅、狮头鹅、兴国灰鹅、乌鬃鹅等 7 个地方良种建立了国家级保种场，将对我国地方良种鹅的遗传多样性保护和开发利用发挥重要作用。我国近几年引进了几个欧洲鹅种，如繁殖性能较高的莱茵鹅，产肥肝性能较优的专用品种朗德鹅，丹麦的佳丽鹅和罗曼白鹅，匈牙利的阿尔多巴吉鹅。这些欧洲鹅种，都经过系统的专门化选育，早期生长发育快，繁殖性能中等，产绒多，适应性强，具有独特的遗传基因资源，已经成为我国鹅品种资源的重要组成部分，对我国发展现代养鹅业产生了积极作用（图 1-9）。

由于良种受到人们的重视，良种鹅的引养、繁育、推广速度日益加快，2001 年前，土杂鹅约占养鹅总数的 2/3，目前，良种鹅的普及率已达 2/3，随着良种化率的提高，养鹅业生产水平也普遍提高，养鹅的经济效益约提高 30%。

3. 养鹅需科学　养鹅是一项自然生产和资源再生产的物资转换过程，饲料营养是养鹅的物资基础，随着科学养鹅知识的普及提高和优良品种鹅的引养，人们逐渐认识到了良种鹅必须饲喂营养全面而平衡的草料，才能生长发育快，生产性能好，鹅体健壮，抗病力强，优良的遗传基因才能充分发挥出来，产生良好的经济效益。20 世纪末和 21 世纪初，在传统养鹅意识的约束下，

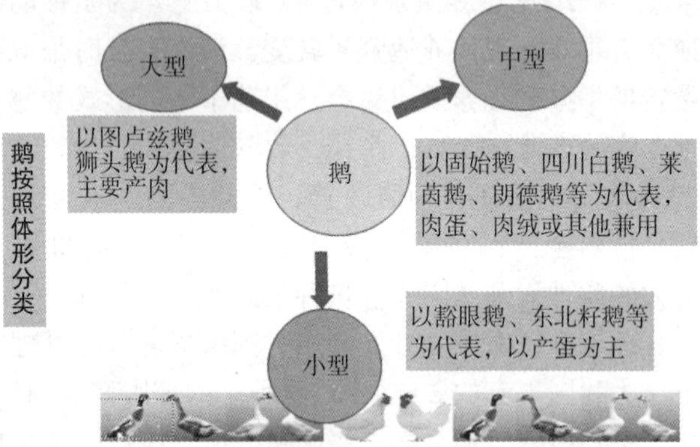

图 1-9　鹅生产力类型丰富

人们养鹅的基本情况是有啥料喂啥料，长成啥样是啥样，能活多少是多少，能赚多少是多少，赔了就算了。2002 年以后，随着养鹅业的发展和科技水平的提高，传统式养鹅状况逐步得到改善，鹅的专用配合饲料生产供应逐渐地多了，宣传推销的力度加大了，知识改变了人的观念，约有 20%的养鹅户开始试喂配合饲料，取得成效后，示范带动效应明显，饲喂面迅速扩大，目前 300~500 只规模的养鹅户有 90%以上饲喂配合饲料。虽然，我国目前尚未制定鹅的饲养标准，为满足养鹅业迅猛发展的需要，各地都陆续研制出不同水平的雏鹅、肉仔鹅、种鹅繁殖期需要的配合饲料，其中预混饲料更为普遍。由于饲料企业大力宣传和推销鹅的专用配合饲料，进一步扩大了社会的应用面，从而有力地促进了现代养鹅业的发展。

种草养鹅和青贮玉米秸秆喂鹅，是科学养鹅的重要内容，但在人们的传统思维中则是新鲜事物，难以实践，经过宣传教育和示范带动，在广大的农区和半农半牧区，从 21 世纪初就开始种植黑麦草、冬牧 70 黑麦草、菊苣、苦荬菜等优质牧草养鹅，取得成效后，种植面已经迅速扩大，目前约有 24 个省市区开展了面积不等的种草养鹅工作，收效很好，必将快速发展。青贮玉米秸秆喂鹅也在河南、河北、山东、安徽等地先后试验成功，正在大力普及推广。农作物秸秆如玉米秸秆、花生秧、豆秧等干燥粉碎后经生物发酵喂鹅，也在一些地区试用宣传推广，是养鹅业的科技创新工程，也是一场科技革命，意义深远而重大（图 1-10）。

图 1-10　青贮秸秆揉丝拌料喂鹅

4. 现代养鹅设施推进了现代养鹅业发展　随着标准化鹅场建设和规范化饲养管理工作的不断发展，不少新筹建的现代规模养鹅的鹅舍建筑都舍弃了砖、水泥、灰沙、钢材、木材等材料，采用轻质耐用、隔热性能好的塑料构件，既省工、省时、省运费、占地面积少，减轻地面负重；又美观、整齐、大方，适于养鹅的需要，是今后发展的方向。

在饲养管理设备方面，大都采用了比较规范化的禽用饮水器、料盘和自动饮水装置；两层式笼育雏和网上平养方式，采用了电动刮粪机；较大规模养鹅场（户）采用青饲料切割机、揉丝机加工青草、菜类喂鹅，节省了人工，提高了青绿饲料的利用率。总之，采用现代饲养管理设备，既降低了人工劳动强度，节省了体力劳动时间；又减少了人工操作对鹅群正常生活规律的干扰，有利于鹅群的生长发育和生产性能的正常发挥。特别是两层式笼育雏设备比较规范，分小群饲养，饲槽水槽放置笼外，采食饮水自由而均匀，水也不沾湿鹅身，不发生叼毛现象，鹅群生长发育快，整齐度高，成活率高（图 1–11）。正常情况下，饲养人员除免疫之外，不干扰鹅群的规律生活秩序，所以鹅群生长发育快，整齐度好，成活率高，一个人可管 4 000~5 000 只雏鹅，是地面养、网养的若干倍，应该广泛采用。

图 1–11　笼养育雏

5. 现代化鹅产业较快发展　现代化鹅产业就是把养鹅卖活鹅养殖型的养鹅业转变为具有多种特色，精、深加工鹅肉制品应用型的鹅产业，实现产业效益最大化。根据国情实际，要实现这一目标，必须是以鹅肉产品加工企业为龙头，走“公司+基地+养户”产加销一体化、牧工贸一条龙的产业化道路。我国的养鹅业经过多年的发展探索，已先后在华东、华南、东北、中南、西南地区建成了具有一定规模的鹅、鸭屠宰加工企业260多家，鹅肥肝加工企业9个，羽绒加工及制品企业4 300多家，其中产值在100万元以上的羽绒企业有2 800多家。中外合资的大型龙头企业有中法合资在广西、云南两地兴建的大型鹅肥肝生产企业，中匈合资在内蒙古兴建的大型鹅羽绒、肥肝生产企业。这些现代式龙头企业，必将迅速带动我国现代养鹅业向现代化鹅产业跨越。

四、存在的问题

1. 缺乏良种繁育体系　通过养鹅知识的学习和生产实践，养鹅者逐渐认识到良种是发展养鹅业的基础，大都要求引养良种鹅，引养之后确实取得了增产增值的效果，但仍达不到良种鹅资料中介绍的水平。主要的原因是国家缺乏鹅的良种繁育和良种繁育体系建设管理法规及有效的指导，造成普遍的随意繁育推广利用的不良结果。现在，除了真正的育种场之外，几乎所有的种鹅场（户）都是有数量无质量的无序繁殖，根本不开展留优淘劣的选育工作。长时间的优劣混繁，优良的生产性能必然下降乃至消失，很多从国外引进的优秀品种（品系），因为不选育而迅速衰退，更为严重的情况是：普遍无序杂交乱配的杂化后代被当作种鹅卖给养鹅户，又被当作种鹅繁殖利用，导致血缘混乱，生理功能异化，生长发育缓慢，整齐度差，生活力、抗病力降低，病害多发，经济效益低下，使产业限于长期被动的局面。良种不能科学地繁育、推广、利用，造成良种不真良和良种无良果的严重情况（图1-12）。

2. 组织化程度低，结构松散　目前，全国养鹅总数的98%左右是由分散的、各自为政的农户自发起来养殖的，由于信息闭塞、社会化服务体系欠缺、科技水平低和资金不足等因素的制

图 1-12　缺乏选育的鹅群

约，缺乏抗御自然和市场风险的能力，必须认真提高养鹅业的组织化程度，形成集群经济体制和经营机制，解决这个问题的最佳途径是以有实力的鹅肉产品加工企业为龙头，实行“公司+基地+养鹅户”模式的产业化工程，以契约方式把千家万户的养鹅者组织起来，形成集群经济实体，养鹅业才能高质、高效、可持续发展。

3. 鹅肉产品消费市场开拓乏力　我国虽是世界鹅肉生产和消费大国，但由于历史原因和现时缺乏鹅肉产品消费市场的开拓者，呈现明显的区域消费特征。

目前，淮河流域以南和京广路以东的较大范围是鹅肉消费较多的区域，其中江苏、上海更多一些，南京市由年消费鹅 500 多万只升至 1 500 多万只；扬州市更是后起之秀，20 世纪 80 年代鹅肉消费量并不高，90 年代日渐增多，2000 年以来快速增长，目前，年消费鹅 1 500 万只左右，全市鹅肉熟食店 100 多家。周围的高邮、仪征、邗江、泰兴等城镇亦是鹅肉消费日益兴旺的地方。广东和香港也都是鹅肉消费量很大的地区，广东年消费鹅达 1 亿只；浙江的大部，安徽的长江沿岸地区，江西、湖南、湖北的部分地区，广西、云南、海南、贵州只有大中城市有一定量的鹅肉消费，四川虽是养鹅大省，只是热衷于鹅肠等内脏的消费，重庆的消费量亦有限。其他广大地区特别是山东、河南、黑龙江、吉林、辽宁等地区的养鹅业迅速发展，但鹅肉消费量极少，甚至空白。这些年鹅肉消费区域呈现由南向北转移的趋势，但发展缓慢，例如郑州市 2003 年年消费鹅 20 多万只，2008 年约达 100 万只，但升势不稳。粗略估计，目前我国养鹅区域已分布 28 个省、市（约 12 多亿人口的地区），而消费鹅肉的人口约为 5 亿。总之，南方终端消费市场发展缓慢，广阔且潜力巨大的北方消费市场的开拓极度乏力，已经成为严重制约养鹅业发展的瓶颈。这种情况说明两个问题，一个是消费市场空间大，另一个是产销布局失衡，亟待以科学发展观为指导，进行产销协调布局的调整。“北养南销”是产业发展过程中的临时状态，但不能成为“常态”，更不能成为“恒态”，“恒态”就会增加生产经营成本，是一种“病态”，必将制约产业的持续发展。

今后亟须从两个方面解决制约鹅肉消费市场发展的问题，一是大力、广泛、持久地宣传吃鹅肉对人体保健和社会文明建设的重大意义，解放思想，改变消费观念，启发人们对鹅肉消费的感情需求；二是鼓励和支持既有实力又有能力的企业，因地制宜，研发具有特色的鹅肉产品，诱导人们消费鹅肉产品，消费决定生产，鹅肉消费量的增长和消费区域不断扩大，必将推动现代化鹅产业的快速持续发展。这是我们共同的责任。

4. 缺少政策支持　改革开放以来，专家从国情实际和人类社会日益迫切需要绿色健康食品的战略高度分析认为，养鹅业是中国 21 世纪独具竞争优势的朝阳产业，应该因地制宜，大力发展现代养鹅业，20 多年的实践证明，这个方向是正确的。群众是真正的英雄，20 多年来，广大农民群众自力更生，把全国养鹅数量由不到 1 亿只发展到近 9 亿只的规模，成为世界上真正的养鹅大国，展示了中国的力量。但由于缺乏政府层面的政策支持，养鹅业仍停留在传统的数量发展型阶段，无实力向科技密集的效益型阶段跨越。所以，有量无质的养鹅业呼声不大，效应不强，制约了朝阳产业的优势发展。

分析缺少政府支持的原因，主要是认识问题，其核心是认识不到养鹅重大的政治、经济意义，思想上不重视它，就不可能用政策支持它的发展，绝不是因为经济实力不强而不支持。全国县域鹅业特色经济发展比较典型的伊安、农安、彰武、高邮、宿迁、庐江、新蔡等实例就充分证明了这个事实。因此，唯有解决了人们的思想认识问题，特别是相关职能部门的认识问题，才会因地制宜，出台促进现代养鹅业发展的政策，才能把好事办好。

五、走中国特色现代养鹅业发展之路

根据鹅独特的生物学特性与生理特点和中国国情实际分析认为，养鹅业是我国富农强农，进而富民强国的多、快、好、省的优选产业，应该解放思想，改变观念，统一认识，因地制宜，大力发展。发展好现代养鹅业，首先要了解现代养鹅业的概念，现代养鹅业是以现代科学技术、现代工业生产的装备、现代生产管理手段和现代生产经营理念为支撑，由高素质的现代知识型农民和现代企业家为经营主体，以合作制为基础的高度组织化、资源和生产要素集约型的从产前、产中、产后密切关联的，从养鹅场地到餐桌的一体化产业。根据这个概念，必须遵照十七届三中全会指出的发展中国特色现代农业的路线发展中国特色现代养鹅业，不能走发达国家的道路。发达国家农牧资源丰富，资金充裕，文化科技水平高，人口少特别是农业人口少，劳动力紧缺，工资高，他们发展现代畜禽养殖业都是投入巨资，占用大片土地建设大型场舍，走大规模、高度集约化、机械化、智力密集型的现代化道路。我国国情是：人多地少，人增地减趋势明显，特别是农村人口多，就业压力大，农牧业资源贫乏，文化科技水平低，资金不足，但农副产品丰富而又未被合理利用（即绿色营养体合理利用的潜力巨大)。所以，应该走区域大规模与小群体结合、农鹅紧密结合的生态型现代养鹅业的道路。

具体做法：以有实力（含资金、科技、人才特别是高素质的领军者）的鹅肉产品加工企业为龙头，因地制宜，实行“公司+基地+养鹅户”模式，以契约形式实行统一良种繁育供应良种鹅，统一种草供应饲料，统一科技培训及服务，统一规范化饲养与管理，统一产品收购及加工销售，分户经营的“六统一分”的方式，开展产加销一条龙、牧工贸一体化的产业化生产经营，把养鹅场地与餐桌紧密连接在一起，形成牢不可破的产业链条，既解决了社会化服务体系问题，又解决了产前、产中、产后各环节脱离而形成的风险问题。这就是鹅业产业化富民工程，也就是通过产业化工程把传统养殖型的养鹅业转变为应用型的现代化鹅产业。这种现代化鹅产业的产值能比传统式养鹅业产值增长若干倍，必将对发展县域特色经济，特别是革命老区的县域特色经济发展，实现富民强县目标发挥重大作用。一个有实力的龙头企业，其产业化功能可辐射上千万只的养鹅区域，如果全国养鹅的大县、强县多了，中国就一定会由世界养鹅大国转变成为世界养鹅强国，必将给中国和世界都带来巨大的经济、社会效益。

第二节 标准化养鹅应具备的条件

一、对生产和经营者的素质要求

1. 高度的敬业精神 因为鹅业生产的对象是活的家禽，其生理状况、健康状况、生产性能容易受各种外界因素的影响。生产过程中的某些环节费心、费力、费时，并且对生产有巨大影响，如育雏需要昼夜值班以观察雏禽对周围环境的反应，免疫接种时需要保证疫苗接种的数量、部位的准确性，在孵化过程中需昼夜值班以了解孵化设备的运行是否正常等。许多环节需要细心观察、耐心处理，如果对工作的责任心不强、处理问题粗心则会导致严重的后果。

2. 良好的技术素质 鹅业生产是一门专业技术，其中的各个环节看似简单，但是要真正做好并不是件容易的事情。因此，从事鹅业生产的人不仅要具备必要的思想素质、资金条件，更要有科学意识和技术水平。对生产中的各个环节不仅要愿意去做，还要知道如何去做，怎样做好。

3. 管理素质 鹅业生产企业与其他企业一样，在生产和经营管理中有很深的学问，尤其是在市场经济条件下，肉鹅市场价格和需求类型变化频繁。如果不能很好地确定经营理念、制定经营策略，加强企业内人事、财务、物资、技术和质量管理，则很难在市场竞争中站稳脚跟。

二、市场需求变化对行业的影响

养殖业是我国跨入市场调节机制最早的行业，生产效益在很大程度上是由产品的市场价格所决定的。

作为鹅业生产和经营者来说，在进行投资之前需要对市场的需求进行广泛的调查，了解市场对某种产品的需求量和供应情况。对于那些市场需求量较小、市场供应比较充足的产品要慎重投资。

任何一种商品的市场供需情况不会一直稳定不变，都处于波动的变化过程之中，而这种变化通常体现在商品的价格上。同时，这种变化是有一定规律的，对于经营者来说需要通过分析市场行情来把握市场变化的规律，决定饲养的时间和数量等，使产品在主要供应市场阶段与该产品的市场高价格时期相吻合。只有这样才能获取更高的生产效益。

开发市场也是提高养鹅生产效益的重要措施，鹅所特有的经济学特性或产品优势还不为消费者所了解，需要通过宣传才能够让消费者认识、了解和接受。

三、鹅的品种质量方面

品种是养鹅生产的重要基础条件，不同的品种其生产性能有很大差别。作为优良品种应该具备的条件有以下几点：

1. 主要产品符合市场（消费者）的需要　不同地区的消费者对产品质量的认可是有很大差别的，如在华东各地人们喜白羽、鹅头比较大、有鹅瘤，并且喙、腿颜色为橙黄色的鹅种；华南地区则对灰鹅品种有特别的爱好；北方城市对鹅产品消费能力比较低。在选择养鹅品种时要充分考虑消费市场人们对产品外观质量性状的偏爱性。

2. 要有良好的生产性能表现　不同的鹅品种之间的生产性能差别很大，如四川白鹅年产蛋约 65 枚，而同为中型鹅的皖西白鹅年产蛋不超过 30 枚。由此可见，选择生产性能高的品种对于提高生产水平是十分重要的。

3. 要有良好的适应性和抗病力　有的品种在某些地区（尤其是原产地）能够表现出良好的生产水平，但是引种到其他地区后则生产性能或抗病力明显下降。这对于引种者来说可能会造成很大的经济损失。

4. 良好的养鹅生产设施与环境　合格的生产设施能够为鹅提供一个良好的生活和生产环境，能够有效地缓解外界不良条件对鹅的影响。此外，还可以降低生产成本、提高劳动效率。

养鹅生产过程基本是在舍内和运动场进行的，鹅舍和运动场环境对鹅的健康和生产有着直接影响。由于生产设施对鹅舍内环境影响很大，能否保持鹅舍环境条件的适宜是衡量生产设施质量的决定因素。

鹅舍和设备的投资也是生产成本的重要组成部分，合理利用当地资源，在保证设施牢固性和高效能的前提下降低投资是降低生产成本的重要途径。

各项环境条件（温度、湿度、空气质量、光照、噪声等）都会对鹅的健康和生产产生影响，必须结合鹅的生物学习性为其提供适宜的生活环境。

环境污染是造成当前我国家禽生产过程中疫病问题频发的根本原因，也是造成家禽生产能力低下的重要原因。许多家禽养殖场（户）由于在生产中不注意粪便、污水和病死禽的无害化处理，导致生产环境被严重污染，使家禽生活在一个充满威胁的环境中，任何因素造成的机体抵抗力下降都可能导致疾病的暴发。

5. 科学配制鹅饲料 鹅的生产水平是由遗传品质所决定的，而这种遗传潜力的发挥则很大程度上受饲料质量的影响。没有优质的饲料，任何优良品种的家禽都不可能发挥出高产的遗传潜力。

由于鹅自身的生物学特性和特殊的饲养方式，要求必须按照不同阶段的生产要求配制饲料，充分利用水草资源，以降低养鹅成本（图1-13）。

图1-13 种草养鹅

饲料质量不仅影响鹅的生产水平，而且对产品质量影响也很显著。如屠体中脂肪含量、种蛋受精率等。

6. 严格防治家禽疫病　由于我国养鹅生产主要集中在广大农户，呈现出大群体、小规模分散饲养的生产和经营方式，给疫病的防治工作带来很大困难，也使疫病成为当前威胁鹅业发展的主要障碍。

疫病发生不仅导致养鹅死亡率增加、生产水平下降、生产成本增高，而且还直接影响到产品的卫生质量。疫病问题也是造成部分养鹅场（户）生产失败的主要根源。疫病防治需要采取综合性的卫生防疫措施，单纯依靠某一种措施或方法是难以达到防治目的的。

7. 鹅的饲养管理技术要规范　饲养管理技术实际上是上述各项条件经过合理配置形成的一个新的体系，包含了上述各环节的所有内容。它要求根据不同生产目的、生理阶段、生产环境和季节等具体情况，选择恰当的配合饲料、采取合理的喂饲方法、调整适宜的环境条件、采取综合性卫生防疫措施。满足鹅的生长发育和生活需要，创造达到最佳的生产性能的条件。

8. 要具备一定的经济基础　一只鹅的固定投资约为 10 元，一只鹅从育雏到产蛋需要投入 70 元左右；一只肉鹅的固定投资约 10 元，从进雏到出栏每只肉鹅的投入约 40 元。

对于任何一个计划要投资家禽养殖场的人员来说，提前进行投资预算是非常重要的。

9. 要有合适的场地　场地既要高燥又要供水充足，既要交通方便又要有利于隔离与防疫。一般按照自动化程度较高、规模为大中型的鹅场计算，每 1 万只成年鹅场（包括配套房舍、道路、空场地等）约需 20 亩土地。如果饲养肉鹅，每批出栏 2 000 只（年出栏 1 万只）肉鹅的规模则约需要土地 5 亩。

第二部分　鹅的优良品种与选育

不同的生存环境和社会需求的多样性，加上人工选择程度不同，从而形成多样化的各具特色的鹅品种。人们根据不同需求，采用各种鹅品种进行培育生产新品系，一方面能增加鹅的产品种类及质量，另一方面能提高养鹅的生存效益。因此，进行养鹅生产，须先了解鹅的品种，正确选择鹅品种进行生产。鹅品种的分类方法很多，按原产地和地理区域分，有亚洲鹅、欧洲鹅和美洲鹅等；按羽毛颜色分，有白羽、灰羽和浅黄羽等品种；按经济用途分，有肉用、蛋用、肥肝用和观赏用等品种；按体形大小分，有大型、中型和小型等品种。

第一节　鹅的优良品种

一、大型鹅主要品种

1. 狮头鹅

（1）产地与分布。狮头鹅是我国著名的大型鹅种，原产于广东省饶平县溪楼村，现在中心产区为广东省澄海区和汕头市郊，澄海区建立了狮头鹅种鹅场，并且开展了系统的选育工作，有灰色和白色两个品系，白色狮头鹅数量比较少。由于狮头鹅可以作为肉用仔鹅和肥肝鹅的杂交配套父本，所以分布较广。目前黑龙江、辽宁、河北、陕西、山西、山东等省均有分布。

(2) 体形外貌。狮头鹅体形硕大，体躯呈方形，前胸宽深，前躯略高，背部宽平。公鹅头部肉瘤发达、前倾，两颊有左右对称的肉瘤1~2对，从正面看犹如狮头，因而得名狮头鹅。母鹅的肉瘤相对小而扁平。脸部皮肤松软，眼皮突出，呈黄色，眼圈金黄色，外观眼球似下陷，喙短坚实，呈黑色。颌下咽袋发达，一直延伸到颈部。背部、前胸羽毛及翼羽呈棕褐色，腹部羽毛呈白色或灰白色，由头顶至颈部的背面形成鬃状的深褐色羽毛带。胫粗壮，蹼宽大，均呈橘黄色（图2-1）。

图2-1 狮头鹅

(3) 生产性能。

1) 生长速度与产肉率见表2-1。

表2-1 狮头鹅生长速度与产肉率

指标	初生	30日龄	60日龄	90日龄	成年	半净膛率	全净膛率
体重（克）	♂134 ♀133	♂2 249 ♀2 063	♂5 550 ♀5 115	♂6 180 ♀5 510	♂9 000 ♀8 000	♂81.9% ♀84.2%	♂71.9% ♀72.4%

狮头鹅肥肝性能好，经过短期填饲，平均肝重在600克以上，肝料比为1∶40。公鹅与其他品种母鹅杂交，能明显提高仔鹅的产肉性能和产肥肝性能。杂交后代的体形接近狮头鹅的体形。

2）产蛋性能。狮头鹅产蛋具有季节性，每年的8~9月至翌年的3~4月为产蛋季节。每个产蛋季节分为3个产蛋期，每期产蛋6~10枚，蛋壳乳白色（表2-2）。

表2-2　狮头鹅产蛋性能

开产时间	第一产蛋年	平均蛋重	第二产蛋年	平均蛋重
170~180日龄	20~24枚	176.3克	28枚	217.2克

3）繁殖性能。母鹅就巢性很强，每产完1期蛋就巢1次。母鹅盛产期在2~4岁，可持续利用5~6年，公鹅可利用3~4年（表2-3）。

表2-3　狮头鹅繁殖性能

公鹅配种时间	公母配比	1岁母鹅产蛋受精率	受精蛋孵化率	老鹅产蛋受精率	受精蛋孵化率
200日龄	1∶(5~6)	69%	87%	79.2%	90%

2. 合浦鹅

（1）产地与分布。本品种主要分布在广西壮族自治区的合浦县及其周围地区，在全国的推广量不多。

（2）体形外貌。由于合浦鹅含有狮头鹅的血统，所以体形与狮头鹅相似，体躯长方形，头粗大、有褐色的大额瘤，颌下有咽袋。雏鹅羽毛呈黑绿色，胸颈部带少量黄色羽（长大后变为白色），成年鹅背部羽毛浅褐色，腹部灰白色，喙、胫、蹼均为黑色（图2-2）。

图 2–2 合浦鹅

（3）生产性能。成年公鹅体重在 9 000 克以上、母鹅 7 000 克以上，年产蛋 25 枚左右。仔鹅 7 周龄体重在 3 500 克以上。

3. 图卢兹鹅

（1）产地与分布。图卢兹鹅又称茜蒙鹅，是世界上体形最大的鹅种之一。原产于法国南部图卢兹市郊区，19 世纪初由法国驯化选育而成，主要分布于法国西南部各省。现在图卢兹鹅已遍布欧洲、美洲，是生产鹅肥肝的传统专用品种。

（2）体形外貌。图卢兹鹅体形大，体态轩昂，具有重型鹅的特征：头大、喙尖、颈短、体躯丰满，整个前躯长且宽又深，尾巴平展稍向上翘起，胸部浑圆，体躯与地面平行。颌下有咽袋，腹部有腹褶。咽袋与腹褶均很发达。羽毛灰色，蓬松，头部灰色，颈部深灰色，胸部白色，翼羽深灰色带浅色镶边，尾羽灰白色（图 2–3）。

（3）生产性能。

1）生长速度与产肉性能。成年公鹅体重 12 000～14 000 克，母鹅 9 000～10 000 克。该鹅早期生长较快，60 日龄仔鹅平均体重达 3 900 克，产肉多。由于该鹅种骨骼粗壮，肌纤维较粗，因

图 2-3　图卢兹鹅

而肉质较差。图卢兹鹅沉积脂肪的能力较强，在法国多用来生产肥肝和鹅油，强制填肥后，每只鹅可产肥肝 1 200 ~ 1 300 克，最高的可达 1 800 克，但肥肝质量较差。

2）产蛋性能。在大型鹅种中，图卢兹鹅的产蛋数是最高的。其开产日龄为 305 天，年产蛋 30 ~ 40 枚，平均蛋重 170 ~ 200 克，蛋壳白色。

3）繁殖性能。公鹅的性欲较弱，患阳痿的公鹅较普遍，约有 22% 的公鹅和 40% 的母鹅是单配偶，因此受精率较低，仅为 65% ~ 75%，1 只母鹅 1 年只能提供 10 多只少雏。

大型鹅由于产蛋性能比较低，种群扩群比较慢，在我国存栏量比较少。

二、中型鹅主要品种

1. 皖西白鹅

（1）产地与分布。皖西白鹅属于中型鹅种，产于安徽省西部丘陵山区和河南省固始县一带，在河南省当地也称固始鹅，主要分布在安徽省的霍邱、寿县、庆安、肥西、舒城、长丰等县及河南的固始等县。该鹅具有生长快、觅食力强、耐粗饲、肉质好、羽绒品质优良等特点。

（2）体形外貌。皖西白鹅体态高昂，细致紧凑，全身羽毛白色，颈长，呈弓形。体形中等，头中等大小，前额有发达而光滑的肉瘤，肉瘤橘黄色，圆而光滑。喙橘黄色，喙端色较淡。虹彩灰蓝色。胫、蹼橘红色。约6%的鹅颌下有咽袋，还有少数鹅头顶后部有球形羽束，称为“顶心毛”。公鹅肉瘤大而突出，颈粗长有力，呈弓形，体躯略长，胸部丰满，前躯高抬，全身羽毛洁白，眼眶后部有褐色小斑块；母鹅体躯呈蛋圆形，颈较细短，腹部轻微下垂（图2-4）。

图2-4 皖西白鹅

（3）生产性能。

1）生长速度与产肉性能。在粗放的饲养条件下，8月龄放牧饲养不催肥的鹅的半净膛屠宰率为79.0%，全净膛屠宰率为72.8%（表2-4）。

表2-4 皖西白鹅生长性能

指标	初生	30日龄	60日龄	90日龄	成年
体重（克）	90	1 500	3 000~3 500	4 500	♂5 500~6 500 ♀5 000~6 000

2）产蛋性能。一般母鹅分两期产蛋，61%的母鹅在1月产第一期蛋，65%的母鹅在4月产第二期蛋，蛋壳白色。有就巢性的母鹅相应抱孵2次，所以3月和5月是出雏高峰。没有就巢性的母鹅每年产蛋50枚左右，但仅占群体的3%～4%，由于不符合当地自然孵化的繁殖习惯，多被淘汰，所以人为地限制了该鹅种的产蛋数（表2-5）。

表2-5 皖西白鹅产蛋性能

开产时间	产蛋月份	平均产蛋数	平均蛋重
180天	1~4月	25枚	142克

3）繁殖性能。在自然交配的条件下，公母鹅的配种比例为1∶（4~5），种蛋受精率为88.7%；由专养的配种公鹅进行人工辅助配种时，公母鹅配比为1∶（8～10），种蛋受精率在91%。受精蛋孵化率在91%以上，健雏率可达97%。母鹅可利用4～5年，特别优秀者可利用7~8年，公鹅可利用3~4年或更长。

4）产羽绒性能。皖西白鹅羽绒的产量和质量均很优秀，羽绒洁白，尤其以羽绒的绒朵大而著称。3~4月龄仔鹅平均每只产羽绒270～280克，其中纯绒16～20克；8～9月龄鹅平均每只产羽绒350～400克，其中纯绒40～50克。

2. 溆浦鹅

（1）产地与分布。溆浦鹅属中型鹅种，原产于湖南省溆浦县，与该县临近的隆口、洞口、新化、安化等县均有分布。

（2）体形外貌。溆浦鹅体形较大，体躯略长。公鹅体躯呈长方形，肉瘤明显，颈长，呈弓形，前躯丰满而高抬，叫声清脆而洪亮，有较强的护群性。母鹅体躯呈椭圆形，胸宽大于胸深，后躯丰满有腹褶。羽毛主要有白、灰两种，但以白色居多。约有20%的个体枕骨后方着生一簇旋毛，也叫顶心毛。白鹅全身羽毛白色，喙、肉瘤、胫、蹼呈橘黄色；灰鹅颈部、背部、尾部羽毛灰褐色，腹部白色，喙黑色，肉瘤灰黑色（图 2-5）。

溆浦鹅（♂♀）　　溆浦鹅（♂♀）

图 2-5　溆浦鹅

（3）生产性能。

1）生长速度与产肉、产肝性能见表 2-6。

表 2-6　溆浦鹅生产性能

指标	初生	30 日龄	60 日龄	90 日龄	成年	半净膛率	全净膛率
体重（克）	120	1 540	3 160	4 420	6 500~7 500	♂88.70% ♀87.29%	♂80.72% ♀79.83%

溆浦鹅 120 日龄 4 550 克，150 日龄 5 250 克，180 日龄的公鹅体重可达 5 890 克，母鹅可达 5 340 克。溆浦鹅产肥肝性能优秀，填肥 3 周，肥肝平均重 627 克，最大肥肝重 1 330 克，肝料比为 1∶28。

2）产蛋性能。母鹅一般 7 月龄开产，年产蛋 30 枚左右，平均蛋重在 200 克以上。产蛋季节集中在秋末和初春，分 2~3 个产蛋期产蛋，每期产蛋 8~12 枚，母鹅每产完 1 期蛋之后，就巢孵蛋 1 次。

3）繁殖性能。公鹅 5~6 月龄具有交配能力，公母鹅配种比例为 1∶（3~5），种蛋受精率为 96%，受精蛋孵化率在 90% 以上，一般母鹅可利用 5~7 年，公鹅可利用 3~5 年。

3. 浙东白鹅

（1）产地与分布。浙东白鹅为中型鹅种，原产于浙江省东部奉化、象山、定海等县，现广泛分布于浙江省及周边地区，中心产区为宁波市。由于其一年四季都能产蛋和繁育，当地群众喜称其为四季鹅。

（2）体形外貌。浙东白鹅全身羽毛洁白，约有15%的个体头部、背部夹杂少量斑点状灰褐色羽毛。前额肉瘤高突，随着年龄的增长肉瘤越来越明显。颌下无咽袋，颈细长。喙、颈、蹼在年幼时为橘黄色，成年以后变为橘红色，肉瘤颜色略浅于喙的颜色。成年公鹅昂首挺胸，鸣声洪亮，好追逐人；母鹅肉瘤较低，性情温顺，腹部宽大而下垂（图2-6）。

图2-6　浙东白鹅

（3）生产性能。

1）生长速度与产肉性能。早期生长速度快，一般在70日龄即可上市且肉质较好（表2-7）。

表2-7　浙东白鹅生长速度与产肉性能

指标	初生	30日龄	70日龄	成年	屠宰率
体重（克）	86.7	1 340	3 200~4 000	5 000	♂87.54% ♀88.07%

2）繁殖性能。母鹅每年有 4 个产蛋期，每期 70 天，产蛋 8~13 枚。人工辅助交配公母比为 1∶15，受精率 90%以上。浙东白鹅利用期较长，公鹅可利用 3~5 年，以第 2~3 年最好；母鹅可利用 10 年，以第 3~5 年最好（表 2-8）。

表 2-8 浙东白鹅繁殖性能

性成熟	配种时间	产蛋量	平均蛋重	公母配比	种蛋受精率
♂4 月龄 ♀3 月龄	5 月龄	40 枚左右	150 克	1∶4	90%

浙东白鹅的主要优点是肉质好，早期生长速度快，最大的缺点是产蛋数少。

4. 四川白鹅

（1）产地与分布。四川白鹅属中型鹅种，原产于四川省的温江、乐山、宜宾和重庆市的永川等县区，现广泛分布于四川盆地的坪坝和丘陵水稻产区，是四川省及重庆市饲养量最大的鹅种。

（2）体形外貌。四川白鹅全身羽毛洁白、紧密，喙、胫、蹼橘红色，眼睑椭圆形，虹彩蓝灰色。成年公鹅体质结实，头颈较粗，体躯稍长，前额肉瘤呈半圆形，不发达；成年母鹅头清秀，颈细长，肉瘤不明显。公、母鹅均无咽袋和腹褶（图 2-7）。

（3）生产性能。

1）生长速度与产肉性能见表 2-9。

表 2-9 四川白鹅生长速度与产肉性能

指标	初生	30 日龄	60 日龄	90 日龄	成年	半净膛率	全净膛率
体重（克）	81	1 540	2 855	3 518	3 750~3 850	♂83. 50% ♀81. 20%	♂75. 90% ♀73. 50%

图 2-7 四川白鹅

四川白鹅 60 日龄前生长较快，据测定，60 日龄平均日增重 46. 2 克，60~90 日龄平均日增重 22. 1 克，一般从 60 日龄陆续上市出售。6 月龄公鹅平均体重 3 570 克，全净膛屠宰率为 79. 3%，胸腿肌重 829. 5 克，占胴体重的 29. 3%；6 月龄母鹅体重 2 900 克，全净膛屠宰率为 73. 1%，胸腿肌重 645 克，占胴体重的 34. 4%；成年公鹅体重 3 850 克，全净膛屠宰率为 75. 9%，胸腿肌重 861 克，占胴体重的 29. 5%；成年母鹅体重 3 400 克，全净膛屠宰率为 73. 5%，胸腿肌重 788 克，占胴体重的 31. 7%；料肉比（不包括青饲料）为（1. 0~1. 3）：1。

2）繁殖性能。四川白鹅产蛋旺季为每年 10 月至翌年 4 月，蛋壳白色，母鹅基本上无就巢性。育雏成活率为 97. 6%（表 2-10）。

表 2-10 四川白鹅繁殖性能

性成熟	产蛋量（枚）	平均蛋重（克）	公母配比	种蛋受精率	受精蛋孵化率	育雏成活率
♂180 日龄 ♀220 日龄	60~80	145	1：(3~4)	84. 5%	84. 2%	97. 6%

3）产肥肝和产羽绒性能。四川白鹅羽毛洁白，3 月龄时羽绒生长已基本成熟，即可开始活体拔绒。四川白鹅种鹅育成期拔毛 3 次，每只平均产毛 198.66 克，其中绒羽 46.83 克，含绒率 23.57%。休产期拔毛 3 次，每只平均产毛 236 克，其中绒羽 51.26 克，含绒率 21.72%。四川白鹅具有一定的产肝性能，经填肥后，平均肝重 344 克。

5. 雁鹅

（1）产地与分布。雁鹅属于中型鹅种，是我国灰色鹅种的代表。原产于安徽省六安地区的霍邱、寿县、广安、舒城、肥西等县，现分布于全国各地，以安徽省的宣城、郎西、广德一带和江苏省西南部及河南省固始县饲养相对集中，形成了新的饲养中心。

（2）体形外貌。雁鹅体形中等，结构匀称，全身羽毛紧贴。头中等大小，圆形略方，前额有光滑的肉瘤，突起明显，颈细长，呈弓形。公鹅体躯呈长方形，母鹅体躯呈蛋圆形，胸部丰满，前躯高抬，后躯发达，外形高昂挺拔。部分个体有咽袋和腹褶。成年鹅羽毛灰褐色或深褐色，颈的背侧有一条明显的灰褐色羽带，体躯从上往下羽色渐浅，腹部羽毛灰白色或白色，背、翼、肩及腿羽均为银边羽，排列整齐。肉瘤、喙黑色。肉瘤的边缘和喙的基部有半圈白羽。胫、蹼橘黄色，爪黑色（图 2-8）。

（3）生产性能。

1）生长速度与产肉性能。雁鹅耐粗饲，饲料利用率高，早期生长速度快。如果饲养条件好，喂以配合饲料，2 月龄体重即可达 4 000 克以上（表 2-11）。

图 2-8 雁鹅

表 2-11 雁鹅生长速度与产肉性能

指标	初生	60 日龄体重	90 日龄	成年	半净膛屠宰率	全净膛屠宰率
体重（克）	♂149 ♀104	♂2 440 ♀2 170	♂3 950 ♀3 460	♂6 000~7 000 ♀4 000~5 000	♂86. 14% ♀83. 98%	♂72. 6% ♀65. 43%

2）产蛋性能。母鹅一般 8~9 月龄开产，在饲养管理较好的条件下，7 月龄即可开产，年产蛋 25~35 枚，平均蛋重 150 克，蛋壳白色。雁鹅有就巢性，每产一定数量的蛋即进入就巢期而休产。一般是 1 个月产蛋、1 个月孵化、1 个月加料复壮，每个季节循环 1 次，因此雁鹅被称为四季鹅。且年产蛋数、蛋重逐年增加。

3）繁殖性能。公鹅 4~5 月龄有配种能力，其性行为表现有季节性，且公鹅对母鹅有选择性，公、母鹅配种比例一般为 1∶5，种蛋受精率在 85% 以上，受精蛋孵化率为 70%~80%。母鹅一般利用 3 年，公鹅一般利用 1~2 年。

6. 朗德鹅

（1）产地与分布。朗德鹅为中型鹅品种，原产于法国西南部靠比斯开湾的朗德省，由原来的朗德鹅与图卢兹鹅、玛瑟布鹅杂交而来，是目前世界上最著名的肥肝鹅品种。我国最早于1979年先后引进朗德鹅的商品代，近年来引进有祖代和父母代。国内许多地方把它称为大雁鹅。

（2）体形外貌。朗德鹅体形中等偏大，为典型的灰雁体形，羽毛灰褐色，颈背部接近黑色，胸腹部毛色较浅，呈银灰色，腹下部呈白色。也有部分白色个体或灰白杂色个体。通常，灰羽鹅的羽毛较蓬松，白羽鹅的羽毛紧贴。朗德鹅有咽袋，较小。喙橘黄色，胫、蹼肉色（图2-9）。

图2-9　朗德鹅

（3）生产性能。

1）生长速度与产肉、肥肝、绒羽性能。成年公鹅体重7 000~8 000克，母鹅6 000~7 000克。8周龄仔鹅活重可达4 500克，仔鹅填肥后体重达10 000~11 000克，肥肝重700~800克。目前一些养鹅较先进的国家，都从法国引进朗德鹅，除直接用于肥肝生产外，主要是作为父本与当地鹅杂交，以提高后代的生长速度与产肥肝性能。我国引进朗德鹅后，经填肥，每只鹅可产肥肝600~800克，肝料比为1∶24。但用朗德鹅与太湖鹅杂交，后代的肥肝性能不太理想。朗德鹅对人工拔毛耐受性强，在每年拔毛2次的情况下，羽绒产量可达350~450克。

2）产蛋性能。母鹅180天左右开产，一般在2~6月产蛋，年平均产蛋35~40枚，平均蛋重180~200克。我国饲养的朗德鹅，每年9月至翌年5月为繁殖期，年平均产蛋43枚，平均蛋重148克。

3）繁殖性能。朗德鹅公、母鹅之间均具有择偶性，所以种蛋受精率不高，一般为65%～70%。在自然交配的情况下，公、母鹅配种比例为1∶3，母鹅无就巢性，种蛋需进行人工孵化。

7. 莱茵鹅

（1）产地与分布。莱茵鹅原产于德国莱茵州，是欧洲产蛋数最高的鹅种，现已广泛分布于欧洲各国。在该品种的培育过程中，曾引入埃姆登鹅的血缘以提高生长速度，改进其产肉性能。近年来四川、黑龙江等地引进的莱茵鹅均来自于法国。

（2）体形外貌。莱茵鹅体形中等偏小，头上无肉瘤，眼呈蓝色，颈粗短且羽毛成束。初生雏背面羽毛为灰褐色，从2～6周龄逐渐变为白色，成年时全身羽毛洁白，无咽袋和腹褶，喙、胫及蹼呈橘黄色（图2-10）。

图2-10　莱茵鹅

（3）生产性能。

1）生长速度与产肉性能。成年公鹅体重5 000～6 000克，母鹅4 500～5 000克。仔鹅前期增长较快，8周龄体重达4 200～4 300克，料肉比为（2.5～3.0）∶1。莱茵鹅合群性强，适合大群舍饲，是理想的肉用鹅种。产肥肝性能较差，平均肥肝重只有276克。作为母本，与朗德鹅配种杂交，杂交代产肥肝性能良好；与奥拉斯鹅杂交，用以生产肉用仔鹅。我国饲养的莱茵鹅，成活率高达95%以上，料肉比为2.73∶1。

2）产蛋性能。莱茵鹅在原产地开产日龄为210～240天，年产蛋50～60枚，平均蛋重150～190克。

3）繁殖性能。公、母鹅配种比例为1∶（3～4），受精率平均为 74.9%，受精蛋孵化率为 80%~85%。

中型鹅种还有其他鹅品种，由于饲养量相对比较少，生产性能和上述品种相比相对稍低，因此不再一一叙述。

三、小型鹅主要品种

1. 太湖鹅

（1）产地与分布。太湖鹅是我国鹅种中一个小型的高产白鹅品种，原产于江苏、浙江两省沿太湖地区，现主要分布于江苏、浙江、上海等省市，在东北及河北、湖南、湖北、江西、安徽、广东、广西等地也有饲养。

（2）体形外貌。太湖鹅体形小，体质细致紧凑，全身羽毛洁白，体态高昂，前躯丰满而高抬。前额肉瘤明显，圆而光滑，呈淡姜黄色，颈细长，呈弓形，无咽袋，从外表看公、母鹅差异不大，公鹅体形相对高大，常昂首展翅行走，叫声洪亮；母鹅肉瘤较公鹅为小，喙也相对短些，叫声较低。公、母鹅的喙、胫、蹼均呈橘红色（图 2-11）。

太湖鹅公鹅　　太湖鹅母鹅

图 2-11　太湖鹅

（3）生产性能。

1）生长速度与产肉性能。太湖鹅主要用于生产肉用仔鹅，雏鹅出生重平均为 91.2 克，70 日龄即可上市，放牧条件下饲养，平均体重为 2 250~2 500 克；关棚饲养，体重达 2 900~3 400 克，料肉比为（2.5~4.5）∶1，70 日龄仔鹅的半净膛屠宰率为 78.6%，全净膛屠宰率为 64%；成年公鹅体重为 4 000~4 500 克，母鹅 3 500~4 250 克，半净膛屠宰率分别为 84.75%和 79.75%，全净膛屠宰率分别为 75.64%和 68.73%。为了提高仔鹅的生长速度和屠体品质，常用太湖鹅作为母本与其他鹅种杂交生产肉用仔鹅。如用皖西白鹅与太湖鹅杂交，杂交代 68 日龄体重达 3 650 克，料肉比为 2.04：1，全净膛屠宰率为 72.5%，其肉用性能优于纯种太湖鹅。

2）产蛋性能。太湖鹅产蛋性能较好，母鹅一般 150 日龄开产，即 3 月孵化出的母鹅，当年 9 月到翌年 6 月为产蛋期，年产蛋 60~70 枚，高产鹅群在 90 枚以上，平均蛋重 138 克。蛋壳色泽较一致，蛋壳几乎全为白色。

3）繁殖性能。公、母鹅的配种比例为 1：(6~7)，种蛋受精率在 90%以上，受精蛋孵化率在 85%以上。母鹅就巢性差，因此太湖鹅的繁殖几乎全为人工孵化。种鹅停产后全部淘汰，即只利用 1 年。

4）产羽绒性能。太湖鹅羽绒洁白如雪，轻软，弹性好，保暖性强，经济价值高，每只鹅可产羽绒 200~250 克。

2. 豁眼鹅

(1) 产地与分布。豁眼鹅又名豁鹅，属于小型高产鹅种，因其上眼睑边缘后上方有明显豁口，因而得名豁鹅。原产于山东省莱阳地区，后来推广到辽宁、吉林、黑龙江省区。目前，山东、辽宁、吉林、黑龙江省区饲养的豁鹅较多，并且各地经过选育后有了新的名称，如在山东省被称为五龙鹅，在辽宁昌图地区被称为昌图豁眼鹅，在吉林通化地区、黑龙江延寿县周围一带称为疤拉眼鹅。近年来，新疆、广西、内蒙古、福建、安徽等省区也先后引入了豁鹅品种。

(2) 体形外貌。豁鹅体形较小，体质细致紧凑。头较小，额前有光滑的肉瘤，眼呈三角形，上眼睑有一疤状豁口，为该品种独有的特征。颈长，呈弓形，前躯挺拔高抬。公鹅体形较短，呈椭圆形；母鹅体形稍长，呈长方形。山东豁眼鹅颈较细长，腹部紧凑，只有少数鹅有腹褶且腹褶较小；少数鹅有咽袋。辽宁、吉林、黑龙江省的豁眼鹅大多数有咽袋和腹褶。豁眼鹅全身羽毛洁白，喙、肉瘤、胫、蹼均呈橘红色（图 2-12）。

豁眼鹅（♂）　　豁眼鹅（♀）

图 2-12　豁眼鹅

（3）生产性能。

1）生长速度与产肉性能。因各产区饲养条件不同，仔鹅生长速度差异很大。据测定，山东、吉林地区在半放牧条件下，初生重平均为 75 克和 73 克的公、母雏鹅，60 日龄时公鹅重 1 380～1 480克，母鹅为 890～1 480 克。辽宁鹅相对较重，初生重 75 克，60 日龄体重达 2 500 克，90 日龄体重达 3 000～4 000 克。150 日龄上市，半净膛屠宰率为 78.3%～81.2%，全净膛屠宰率为 70.3%～72.4%。

2）繁殖性能。豁鹅无就巢性，种蛋要进行人工孵化。年产蛋 100 枚左右，高产个体能够达到 150 枚，也称为鹅中来航。公母鹅配种比例为 1∶（5～7），种蛋受精率为 85%左右，受精蛋孵化率为 80%～85%，母鹅产蛋高峰在第 2～3 年，利用年限一般不超过 3 年。

3）产羽绒性能。豁眼鹅羽绒洁白，含绒量高，但绒絮稍短。成年公鹅 1 次活拔羽绒 200 克，母鹅 150 克，其中含绒量为 30%左右。

3. 乌鬃鹅

（1）产地与分布。该鹅主产区在广东省的清远市及其附近县市，当地也称为清远鹅。该品种在广东省颇受消费者喜爱。

（2）体形外貌。该品种的鹅体形紧凑，头小、颈细、脚短。背、胸、肩和尾部羽毛灰褐色，颈部两侧和前胸部羽毛灰白色，腹部白色；从头顶到颈肩结合处沿颈部背侧有一条棕褐色条带，如同马的深色鬃毛一般。喙、肉瘤、胫、蹼均为黑色（图 2-13）。

乌鬃鹅（♂）　　乌鬃鹅（♀）

图 2-13　乌鬃鹅

（3）生产性能。成年公鹅体重 4 000~4 500 克，母鹅 3 500 克，母鹅 20 周龄开产，年产蛋约 30 枚，蛋重 145 克左右，蛋壳灰色，就巢性强。仔鹅 70 日龄体重平均 2 850 克。

4. 籽鹅

（1）产地分布与数量。籽鹅主产于黑龙江省绥化和松花江地区，以肇东、肇源、肇州最多，辽宁和吉林省均有分布。籽鹅 2002 年存栏 500 万只。

（2）主要特性。籽鹅属小型蛋用鹅种，略呈长圆形，颈细长，头上肉瘤小，多数小顶有缨。喙、胫、蹼为橙黄色。颌下垂皮较小。腹部不下垂。白色羽毛。成年籽鹅体重：公鹅 4 230 克，母鹅 3 410 克。屠宰率：半净膛，公鹅 80. 7%，母鹅 83. 8%；全净膛，公鹅 74. 8%，母鹅 70. 7%。籽鹅开产日龄 180 天，年产蛋 100~130 枚，蛋重约 131 克，蛋壳呈白色（图 2-14）。

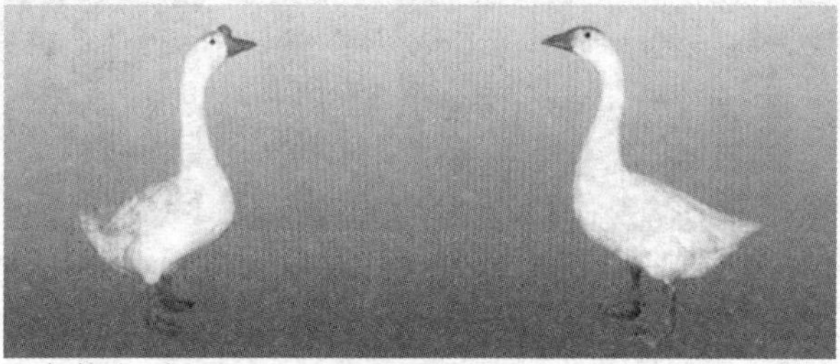

籽鹅（♂）　　籽鹅（♀）

图 2-14　籽鹅

5. 百仔鹅

（1）产地分布与数量。百仔鹅产于山东省金乡县南部，集中产区在麻河、南河、刘隔、新堰一带。主要产区为江汉以北以麻河为中心的地区，百仔鹅 2002 年存栏 10 万只，百仔鹅因年产蛋百枚而得名。

（2）外貌特征。百仔鹅属小型蛋用鹅种，体质紧凑强健，体躯稍长，胸宽略上挺，体态高昂。按羽毛颜色可分白百仔鹅和灰百仔鹅，现存大多为白百仔鹅。头方圆形，额前有一肉瘤，公百仔鹅大而显著。灰百仔鹅喙部为黑色，白百仔鹅为橘红色。颌下有一大咽袋，成年母百仔鹅有腹褶，腿稍短而呈橘红色。灰百仔鹅蹼为黑色，白百仔鹅为黄色，皮肤白色（图 2-15）。

（3）生产性能。成年百仔鹅体重：公鹅 4 180 克，母鹅 3 630 克。成年百仔鹅屠宰率：半净膛率公鹅为 86. 4%，母鹅为 88. 4%；全净膛率：公鹅 74. 7%，母鹅 80. 6%。百仔鹅开产日龄 270~300 天，年产蛋 100~120 枚，蛋重 160~220 克，蛋壳呈白色。产肉性能较好，公鹅屠宰率 82. 66%，母鹅 85. 46%；300 日龄公鹅半净膛率 73. 66%，母鹅 72. 77%；公鹅全净膛率 71. 17%，

百仔鹅（♂）　　百仔鹅（♀）

图 2-15　百仔鹅

母鹅 68.64%。

6. 长乐鹅

（1）产地分布。长乐鹅主产于福建省的长乐区潭头，金峰、湖南、文岭、梅花等乡镇。主产区位于福建省的东部沿海、闽江口的南岸。长乐鹅分布于长乐区及邻近的闽侯、福州、福清、连江、闽清等各县市。长乐鹅是福建省的优良地方鹅种，有一定的数量和质量，生长较快，肥肝性能较好，但尚未经过系统选育。

（2）外貌特征。长乐鹅成年鹅昂首曲颈，胸宽而挺，体态俊美，具有中国鹅的典型特征。长乐鹅属小型肉用鹅种，羽毛灰褐色，纯白色的很少，仅占 5%左右。灰褐色羽的成年长乐鹅从头到颈部的背面，有一条深褐色的羽带，与背、尾部的褐色羽区相连。颈部内侧到胸、腹部呈灰白色或白色。有的在颈、胸肩交界处有白色环状羽。喙黑色或黄色，肉瘤黑色或黄色，带黑斑。虹彩褐色（颈、肩、胸交界处有白色羽环者虹彩天蓝色）。皮肤黄色或白色。胫、蹼黄色。颌下无咽袋，无腹褶。公鹅肉瘤高大，稍带棱脊形，母鹅肉瘤较小而扁平，两者有明显区别（图 2-16）。

（3）生产性能。成年长乐鹅体重：公鹅约 4 380 克，母鹅约 4 190 克。70 日龄屠宰率：半净膛率公鹅为 83.4%，母鹅为

长乐鹅（♂） 长乐鹅（♀）

图 2-16 长乐鹅

82.3%；全净膛率公鹅为 71.7%，母鹅为 70.2%。肝较重，长乐公鹅 103 克，母鹅 78.8 克，填肥 4 周，公鹅肝约重 420 克，母鹅肝约重 398 克。长乐鹅开产日龄 210 天，年产蛋 30~40 枚，蛋重约 153 克，蛋壳白色。蛋形指数 1.4。公、母配种比例为 1：6，种蛋受精率在 80%以上。

7. 阳江鹅（黄鬃鹅）

（1）产地分布。中心产区位于广东省湛江市和阳江市。分布于邻近的阳春、电白、恩平、台山等地，在江门、韶关、海南、湛江等市及广西壮族自治区也有分布。

（2）外貌特征。阳江鹅属小型肉用鹅种，体形较一致、紧凑，全身羽毛紧贴。自头顶至颈背部有一条棕黄色的羽毛带，形似马鬃，故又称黄鬃鹅。背、翼和尾以及两小腿外侧为棕灰色，胸羽灰黄色，腹羽白色。从胸两侧到尾椎，有一条葫芦形的灰色毛带。在鹅群中，灰色羽毛又分黑灰、黄灰、白灰等几种。喙、肉瘤黑色，胫、蹼橙黄色、黄褐色或黑灰色，虹彩棕黄色。无咽袋，无腹褶。母鹅头细颈长，躯干略似瓦筒形，性情温顺；公鹅头大颈粗，躯干略呈船底形，雄性明显（图 2-17）。

（3）生产性能。

1）产蛋性能。产蛋季节在每年 7 月到翌年 3 月。一年产蛋

阳江鹅（♂）　　阳江鹅（♀）

图 2-17　阳江鹅

4 期，平均每年产蛋量为 26~30 枚。采用人工孵化后，年产量可达 45 枚。平均蛋重 145 克。蛋壳白色，少数为浅绿色。

2）生长速度与产肉性能。成年公鹅体重 4 200~4 500 克，母鹅 3 600~3 900 克，70~80 日龄仔鹅体重 3 000~3 500 克。饲养条件好，70~80 日龄体重可达 5 000 克。70 日龄肉用仔鹅公、母半净膛率分别为 83.4%和 83.8%；全净膛率公、母鹅分别为 74.1%和 72.9%。

3）繁殖性能。性早熟，公鹅 70~80 日龄就会爬跨，配种适龄为 160~180 天。母鹅开产日龄为 150~160 天。公、母鹅配种比例为 1∶（5~6），种蛋受精率为 84%，受精蛋孵化率为 91%。成活率在 90%以上。公、母鹅均可利用 5~6 年。该鹅品种就巢性强，1 年平均就巢 4 次。

第二节　鹅的选种与育种

一、选种

1. 主要性状的测定计算方法　长期以来，养鹅都以肉用为主。随着科学的发展，综合利用越来越深入，养鹅不单是为了提供鹅肉，还有肥肝、鹅绒、裘皮、化工原料等多种用途，因而在鹅的品种选育工作中，培育出肉用仔鹅品种、肝用鹅品种、毛用鹅品种、高产母系等。由于用途不同，选育的方向和方法也不同，因而侧重点也不一样。如高产母系，要求成熟早、产蛋多，无就巢性，体形较小，耗料少，抗逆性能强；肉用仔鹅品种，要求侧重于早期生长速度快，饲料转化比经济，肉的品质好、屠宰率高和抗病力强等；肝用品种，要求侧重于肥肝大、肝的品质好，填成率高，饲料转化比经济，适应性强等；毛用品种则要求产毛量大，羽毛含绒率高，再生能力强，抗逆性能好等。对于各种生产性能的选择，必须有一个统一的测定标准和计算方法。

2. 选种方法　通常采用的有两种方法：一是根据体形外貌和生理特征选择；二是根据记录资料选择。有条件时，尽可能将两种方法结合起来选择（图 2-18）。

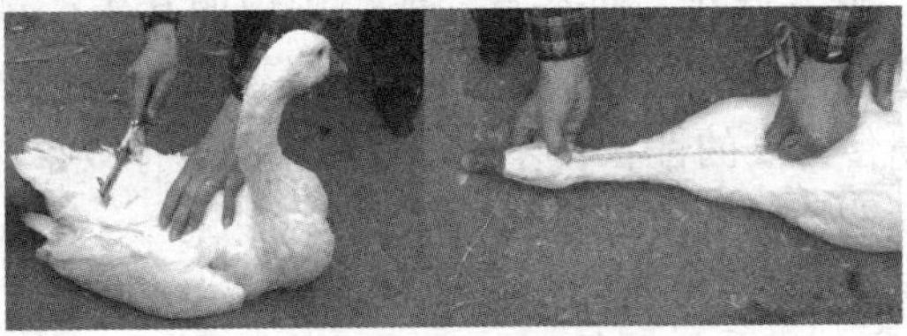

骨盆宽　　　　颈长

图 2-18　种鹅生长发育测定

（1）根据体形外貌进行选择。从种蛋开始，到雏鹅、育成鹅、产蛋鹅，每一个阶段都要按该品种的固有特征（蛋壳颜色、雏鹅绒毛颜色、成年鹅的羽毛颜色、体形、肉瘤、喙、胫的颜色），确定选择标准，进行严格的挑选，凡不符合标准的变种，即使生产较快，也不能留作种用。严格选优去劣，才能提高种鹅群的质量。

（2）根据记录资料进行选择。体形外貌与生产性能有一定相关，但单凭外貌进行选择，常会出现差错，尤其是产蛋性能，选择更困难。只有依靠科学的记录资料，进行统计分析，才能做出较正确的选择。一个种鹅场，必须对种鹅的各项生产性能进行比较系统的测定，做好完整的记录。必须记载的项目有：产蛋量、蛋重、蛋形指数、开产日龄、饲料消耗量、种蛋的受精率、种蛋孵化率、雏鹅初生重、4 周龄重、8 周龄重、育成期末重、开产期重等，肝用品种还要测定种鹅后裔的肥肝重，毛用品种还要测定每年产毛量和含绒率等。

取得上述资料后，就可以从下述 4 个方面进行选择。

1）系谱资料选择。就是根据双亲及祖代的成绩进行选择，因为亲代的表现在遗传上有一定的相似性，可以据此对被选的种鹅做出大致的判断。在运用系谱资料进行分析时，血缘关系愈近则影响愈大，即亲代的影响比祖代大，祖代比曾祖代大。

2）本身成绩选择。系谱资料反映的是上代的情况，只说明生产性能可能会怎样，而本身的成绩则说明其生产性能已有水平。这是选种工作的重要根据。但依据本身成绩进行的选择，只有应用于遗传力高的性状，才能取得明显的选择效果，而遗传力低的性状，选择的效应很差。

3）同胞成绩选择。同父母的兄弟姐妹叫全同胞，同父异母或同母异父的兄弟姐妹叫半同胞，它们之间有共同的祖先，在遗传上有一定的相似性，尤其是选择公鹅的产蛋性能，可以作为主要依据之一。

4）后裔成绩进行选择。以上 3 项选择，可以比较正确地选出优秀的种鹅，但它是否能够真实稳定地将优秀性状遗传给下一代，还必须进行后裔测定，了解下一代子女的成绩，选择才能更准确、更有效。

二、育种

现代育种，强调群体的生产性能。要求提供商品生产的鹅群，必须健康无病，生活力强，产蛋量高，生长快，饲养期短，饲料转化率高，比较早熟、整齐。因此，要在已有标准品种的基础上，选育出若干专门化的品系，然后进行配合力测定，选出优秀的配套组合。通过配套杂交，获得高性能的商品鹅。

1. 品系繁育方法 品系是指一个品种内，由于育种的方法和目的不同，形成具有一定特征或突出优点的群体，并能将这些特征或优点稳定地遗传下去。品系繁育的方法很多，常用的有以下几种：

（1）近交建系法。近交是指血缘相近的个体之间，如连续全同胞交配，连续半同胞交配，亲子（父子或母子）交配，祖孙级进交配等。经过若干世代，使近交系数达到0.375以上，方可称为近交系。一般全同胞交配需连续两个世代以上，半同胞交配需连续四个世代以上。

近交可增加群体的纯合性，但往往导致后代生活力下降，出现近交衰退现象，有时会使建系中断。因此，在建立近交系之初，需要有大量的原始素材，特别是母鹅越多越好，但公鹅不宜过多，以免近交后群体中出现过多的纯合类型，影响近交系的建立。组成近交系的基础群中的个体，要进行严格的选择。参与近交的母鹅最好是来自经过生产性能测定的同一家系，公鹅最好来自经过后裔测定的优秀个体。

在近交建系的进程中，要密切注意是否出现了所要求的优良性状的组合，最好近交建系结合进行配合力测验，一旦发现配合力高的近交系时，就要放慢近交进程，把重点放在扩散种群上，以加快育成优育的近交系。

（2）系祖建系法。选出一个符合选育目标的优秀个体作为系祖，环绕这个系祖进行近交，大量繁殖并选留它的后代，扩大该理想型的个体数量，并巩固其遗传性，从而使系祖个体所特有的优良品质变为群体共有的优良品质。用这种方法培育的鹅群，一般具有该系祖的突出特点，称为系祖系，通常用繁祖的名称

（编号）命名。

建立系祖系时，还要注意以下3点：

1）要选好系祖。系祖的主要性状要很突出，但其他性状也要有一定水平。为了选准系祖，最好运用后裔测定和测交的方法，证明所选的系祖能将优良性状稳定地遗传下去，且无不良基因。

2）进行有计划的选配。使系祖具有突出的优点，保证后代能集中地传递下去，因此要尽量选配没有亲缘关系的同类型配偶（或称同质选配）。但对于带有某些缺点的系祖，也可进行一定程度的异质选配，用配偶的优点来弥补系祖的不足。

3）要加强对后代的选择和培育。由于系祖的后代并不是都能继承系祖的优良性状，要不断地选择那些较完整的继承并遗传系祖优良性状，淘汰那些性状较差不能继承系祖突出特点的个体。为此，可以采用同雌异雄轮配法以扩大后代的数量，从中选出理想而可靠的继承个体。

（3）闭锁群建系法。此法又称继代选育法。在建系之初，选集并组成基础群，然后把这个基础群封闭起来，在若干世代内，不再引入种鹅，只在基础群内，根据生产性能和外貌特征，进行相应的选种选配，使鹅群中的优秀性状迅速集中，并转而成为群体共有的性状，因此又称品群系。它所采用的配种制度，一般都是随机交配，避免有意识地近交，以减慢近交的进程，不致生活力迅速衰退。另一方面，由于采用继代选育法，每一代选留的都是性状最理想的个体，它们基本上是同质的，故不必进行严格的选配，因此建系方法比较简单易行。进行闭锁群建系时，要注意以下4点：

1）基础群应有一定的数量。一般认为，基础群的每一代数量以1 000只母鹅、200只公鹅较理想。

2）基础群应具有广泛的遗传基础。要根据建系的目标，将新品系预定的特征、特性汇集在基础群的基因库中，为建系打好基础。同时，群内各个体的近交系数应为零，至少大部分个体不是近交后代。

3）要严格封闭。所有更新的后备种鹅，都必须从基础群的后代中选择，至少应封闭 4~6 代。

4）选种目标和管理方法要保持一致。每一世代的选种目标和选种方法要一致，保持连续性，同时，各世代的饲养管理条件要尽可能一致，保持稳定，使各世代的性状有可比性，从而使选种更准确。

（4）正反反复选择法。正反反复选择法在品系培育的过程中结合了杂交、选择和纯繁 3 个繁育阶段。既有杂交组合试验，可避免近交育种时大量淘汰造成的损失，又有方法简便的优点，只要有两个亲本群（品种或品系）就可着手进行。所以，此法一举数得，颇受欢迎。

具体做法：先从基础群中按性能特点或来源不同，选出较优秀的 A、B 两个群体（品系）。

第一年分成两组配种，第一组正交，即 A 系公鹅配 B 系母鹅；第二组反交，即 B 系公鹅配 A 系母鹅。正交和反交各组又分成若干个配种小群，每个配种小群只放 1 只公鹅和 5~6 只母鹅，将种蛋做好标记，在同样条件下孵化，留足后裔，在相同的饲养管理条件下，进行生产性能测定。

第二年，根据后裔测定的成绩，分别在第一组（正交组）和第二组（反交组）中各选出最高产的 1~2 个小组，再找出该高产的小组的亲本，将正交组中最高产的 A 系公鹅与反交组中最高产的 A 系母鹅，组群纯繁；将正交组中最高产的 B 系母鹅与反交组中最高产的 B 系公鹅组群纯繁，次高产的亲本也按同样方法组群扩繁。

第三年，用第二年纯繁所得的 A、B 两系的亲本，又按第一年的同样方法进行正反交，同样分成若干配种小群，然后进行后代生产性能测定，根据测定结果，选出优秀的亲本。

第四年，重复第二年的方法。

如此正反反复选择，经过一定时间，就可以形成两个新的品系，而且彼此之间具有很好的杂交优势，因为它是通过配合力测定结果而选留繁育的亲本。

必须注意，在选育过程中，不管哪一代的杂交鹅，都不能留种，但可以直接用作商品生产。

（5）合成系的选育和利用。合成系是由两个或两个以上系（或品种）杂交，选出具有某些特点并能遗传给后代的一个群体。

合成系选育的基本方法是杂交、选择和配合力测定。如以两系（或品种）杂交作为素材，杂交的亲本就是基础群，F1（杂交第一代）就是零世代，F2（杂交第二代）就是一世代。选育合成系的重点是经济性状，不要求体形外貌和血统上的一致性。合成系育种的目的不是为了推广合成系本身，而是将它作为商品生产繁育体系中的一个亲本。这与一般杂交育种不同，它不需从F2的分离中再经多代的选优汰劣，就能育成体形外貌和生产性能上都相当稳定的“纯系”，然后再投入使用。

合成系选育的最大特点是时间短，见效快，一般经一个世代选育即可，比通常培育一个纯系节省一半以上的时间。所以，目前在国外的商品鹅生产中，多采用合成系选育技术，生产新的系或配套组合，为产品更新和商品竞争赢得时间。

合成系选育取得成功的关键是选好亲本，应将特点突出、生产性能优秀的系（或家系）作为基础群，使合成系的起点高，再与另一个高产纯系配套时，就有可能结合不同亲本的优点，获得杂交优势。

2. 杂种优势的利用　采用不同的方法建立起来的品系，目的在于开展品系间的配套杂交，充分利用杂种优势，获得高产优质的商品代鹅。这种生产需按一定的程序或模式制种，先进行配合力测定，再配套杂交。

（1）配合力测定。配合力的概念可分为一般配合力和特殊配合力。一般配合力主要依靠亲本品系的纯繁选育来提高，它的基础是基因的加性效应，所以遗传力高的性状，一般配合力提高比较容易。特殊配合力所反映的是杂种群体平均基因型值与亲本平均育种值之差，它的基础是基因的非加快效应，一般遗传力高的性状，各组合的特殊配合力不会有很大差异；反之，遗传力低的性状，特殊配合力会有很大差异。所以，要提高特殊配合力，主要依靠杂交组合的选择，从配合力测定中，选出杂种优势强大的配套组合投入生产使用。

（2）品系配套模式。从遗传学角度看，参与配套的品系多，其遗传基础更广泛，能把多个亲本的优良性状综合起来，获得商品代杂种优势更强大；但参与杂交的品系越多，品系繁育、保种制种的费用也越多，到达商品代的距离也越长，制种更烦琐，规模更庞大。从经济效益出发，近年来的配套模型主要有二系、三系和四系等 3 种模式。

二系配套：这是两个不同品种（品系）进行一次杂交所组成的配套系。至于鹅的三、四系配套，目前在我国尚未广泛应用。

三、繁殖技术

1. 组群方法　优秀种鹅选出以后，通过公母的合理组群，以使优良的性状遗传给后一代。所以，组群是选择的继续，有人将它合称为选种配种。组群通常有 3 种方法：

（1）相似交配。相似交配或称同质交配，将生产性能相似或特点相同的个体组成一群，这种方法可以使后代同胞之间增加相似性，也使后代更相似于亲代。如根据系谱资料判断，使具有相同基因型的个体交配，叫基因型同质选配，近亲交配也属这一类；如果不了解系谱资料，仅根据表现型相似的选配，叫表现型同质选配。

（2）不相似交配。不相似交配或称异质选配，将生产性能不同或特点各异的个体组成一群。这种方法可增加后代的杂合性，降低亲代和后代的相似性。与亲代相比，后代将出现介于双亲之间的性状，也可能获得具有双亲不同优点的后代。如不同品种或不同品系之间的杂交就属于这一类。

（3）随机交配。随机交配是指不加人为有意识的控制，随机组群，自由交配。这种方法是为了保持群体遗传结构不变，适于在保存品种资源方面应用。

2. 种用年龄和性别配比

（1）种用年龄。鹅性成熟晚，寿命长，使用的年龄也较长。公鹅一般在240~300日龄可以配种，此后可以继续使用3~4年，第二、第三年的公鹅配种能力较强，5岁以后的公鹅一般不再留种。母鹅一般在6~7月龄开产，开产后的第一窝蛋（10枚左右）蛋形较小，都不作种用，待蛋形正常后再留种孵化。母鹅第一年的产蛋量较少，第二年比第一年多，至第三年才达到高峰，至第四、第五年仍可保持较高的产蛋力，第五年后才开始下降，母鹅可以利用6~7年。

（2）性别配比。因类型和品种不同而有较大差异，自然交配时一般的公、母配比为1：（4~6），有的品种可达1：10，如浙东白鹅的公鹅，配种繁殖能力很强，农村中有的达1：15以上。性别配比是否合适，应以受精率高低进行检验。受精率又受季节等因素的影响，当受精率低时，要调整公、母配比。鹅的配种，在群众中有青年公鹅配老母鹅、老公鹅配青年母鹅的习惯做法，群众认为此法能提高种蛋受精率。

3. 自然交配

（1）大群配种。这种配种方法使公母自由组合，配种的机会均等，受精率较高。缺点是公鹅血统不清楚，故只适用于繁殖场，但须注意，大群配种时，公鹅的年龄和体质要相似，体质较差和年龄较大的公鹅，没有竞配能力，不宜作大群配种用。

（2）小间配种。一个配种小间放入1只公鹅，再在室内置放产蛋箱，使所获得的种蛋双亲系谱清楚，可以建立系谱。此法工作烦琐，要求高，只适于育种场使用。但要注意，选用的公鹅要先进行生殖器官和精液品质检查，或先进行配种预测，检查种蛋的受精率，将生殖器官有器质性缺陷、受精率很低的公鹅淘汰。

（3）同雌异雄轮配。这种方法是为了多得到几个配种组合，使公鹅能与更多的母鹅交配，对被测定的公鹅获得更准确的数据。方法是：配种开始后，第一个配种期放第一只公鹅，留足种蛋的前2天，将第一只公鹅取出，空出1周不放公鹅（此期间产出的种蛋和孵化的小鹅，仍是第一只公鹅的后代），于下一周放入第二只公鹅（最好放在公鹅前，将第二只公鹅的精液给所配母鹅全部输精一遍），前5天产的蛋不用（人工授精时，前3天产的蛋不用）。此后所产种蛋属第二只公鹅的后代。

4. 人工授精　采用人工授精方法，能提高良种公鹅的利用率，减少公鹅的饲养量，是改良鹅群的有效措施之一。

（1）采精和输精用具。鹅的采精和输精用具，我国目前尚无统一规格和批量生产，将羊用人工授精器具略做修改后用于鹅的采精和输精，效果很好。采精时用羊的假阴道，将它锯短（约长13厘米），套上假阴道内胎，灌进温水并充气，一端装羊用集精瓶。这种改进的假阴道由于温度、弹性比较适合，还有一定的润滑性（内壁涂凡士林），公鹅射精完全，采精效果较好。输精也采用羊用玻璃输精器，可以直接用，也可以锯短后前端套无毒塑料管，用后要更换，避免感染。现在，鹅采精大部分不用假阴道，而是直接用玻璃集精杯。

（2）精液的稀释和保存。新鲜精液在体外存活的时间较短，如在常温下保存 30 分钟以上，会影响受精能力。稀释液不仅能将精子液稀释，减少每雌用精量，而且对精子起了保护作用，既延长保存时间又不影响受精能力，为人工授精技术的推广开辟了广阔的前景。家禽常用精液稀释液的成分适用于鹅。有的研究者建议，在精液的稀释保存液中，添加抗菌剂可以防止细菌繁殖。精液稀释保存的操作：将稀释液的温度升到 20~25℃；把采得的鲜精液用带刻度的玻璃吸管吸入试管中（注意：不能吸入污物）；而后另用吸管吸入与精液等量或加倍（根据稀释倍数而定）的稀释液，徐徐地充分混匀。如现稀释现用，此时即可输精；如需保存一段时间，则将混匀的精液倒入量瓶中，将量瓶放入小铁筒中，再转存于 0~5℃的冰箱中，或放入存有 1/3 冰块的保温瓶中，盖上洁净的纱布，静置备用。使用保存过的稀释精液时，只需轻轻地混匀即可输精。

（3）采精方法。常用的有按摩法和电刺激法 2 种，最普遍的是按摩法。

1）按摩法：鹅的按摩方法与鸭差不多，只是引起性兴奋的部位不同，鹅在尾根部。采精时需两人合作，助手握住公鹅的两脚，坐于采精员右前方，将公鹅放在自己的膝上，尾部向外，头部夹于左臂下。采精员左手掌心向下紧贴公鹅的背腰部，并向尾部方向不断按摩，同时用右手大拇指和其他四指握住泄殖腔环按摩揉捏直至泄殖腔周围肌肉充血膨胀，感觉外突时，再改变按摩手法，用左手大拇指和食指紧贴泄殖腔两侧，在泄殖腔上部轻轻挤压，右手的大拇指与食指紧贴泄殖腔两侧，在泄殖腔上部轻轻挤压，右手的大拇指与食指紧贴于泄殖腔的左右，两手交互有节奏地挤捏，阴茎即会勃起伸出。阴茎沟闭锁完全，精液沿着阴茎沟从阴茎的顶端快速射出，此时用集精杯接住精液。熟练的采精员可单人操作。经过调教的公鹅，每次采精过程只需要半分钟。

用按摩法采精，公鹅需要经过一定时间的训练调教，建立起性条件反射后，就可顺利进行。训练调教的时间因品种和个体不同有很大差异。一般经过 3~5 天的训练，就有精液排出，经 1 周的调教，大多可建立起条件反射，但总有一小部分鹅，即使经较长时间的调教，仍是采不出精液，这些个体不宜作采精用。

采精宜在上午 8 时左右进行，因公鹅经过一夜休息，早晨性欲旺盛，容易采精，并能采到质量较高的精液。公鹅的采精次数，一般 1 天只采一次，连续采 2 天或 3 天后休息 1 天。采精时常会导致公鹅排粪，污染精液。引起公鹅排粪的原因，一是按摩的手势不正确，手指揉捏泄殖腔时压迫了直肠，导致排粪；另一个原因是公鹅采精前吃得太饱。故采精宜在公鹅空腹时进行，操作时集精杯不要过早靠近泄殖腔，以防公鹅偶尔排粪。

2）电刺激法：采用专用的电刺激采精仪，用弱电流刺激公鹅阴茎。方法是先将公鹅固定于采精台上，打开采精仪开关，把正电极探针（尖针）置于公鹅荐骨部的皮肤上，负电极探针（短轴杆）插入泄殖腔内，用 30~80 伏、40~80 毫安的电流（一般开始时给予较弱的电流，慢慢加强），每隔 2~3 秒刺激 1 次，每次刺激持续 3~5 秒，重复 4~5 次，当公鹅阴茎勃起时，用手揉捏泄殖腔，即可使阴茎伸出泄殖腔。

公鹅每次射精量 0.1~1 毫升，精液为乳白色不透明的液体。精子密度个体差异很大。密度大的每毫升含精子数 6 亿个以上，中等的每毫升含精子数 5 亿个左右，稀的每毫升含精子数在 4 亿个以下。精液在 200~400 倍的显微镜下检查，精子密度高，呈直线前进运动的质量好，授精能力强；精子呈圆周运动或摆动，是活动低的表现，无授精能力。活力高、密度大的好精液，放置时用肉眼观察，也可见有漩涡翻液的动态。

（4）输精方法。助手将母鹅固定在授精台上，泄殖腔向外朝上，输精员用左手挤压泄殖腔的下缘，迫使泄殖腔张开，产蛋期内的母鹅，泄殖腔宽松润滑，阴道口极易翻出。再用右手将吸有精液的输精器从阴道口插入（如阴道没有翻出，可向泄殖腔的左方徐徐插入，感到推进无阻挡时，输精器已准确进入阴道部），一般深入5~6厘米时，左手放松，右手将精液输入。输完1只后，输精吸管要用消毒药棉擦拭管尖，以防污染。

输精时间以上午为宜，一般每隔5天输精一次，每次输入精子数在5 000万个左右。

（5）影响受精率的因素。采用人工授精技术，一般受精率较高，而且平稳，但有时会产生极不理想的效果，这是因为受精率的高低受到诸多因素的影响。

1）精液品质不合格：如精液浓度低，没有足够的有效精子数，精子活力不高，死精和畸形精子多，精液被污染而死亡。因此，采精后要对精液定期检测，每次都要用肉眼仔细观察（色泽、射精量、浓度）。采精和输精的器具必须清洁，以保证精液的质量。

2）母鹅生殖器官有疾病：有的母鹅生理上有缺陷，有的母鹅输卵管有炎症，此时输精大多不能受精。

3）雌雄配比不当：不同品种、体形大小不一样，雄性鹅配种能力不一样，一般体形小的鹅配种能力强。合适的配偶比例是保证种蛋受精率的前提。

4）环境气候的影响：最冷最热的天气，公鹅的精子质量降低，母鹅产蛋率下降，采出的精液在常温下保存影响活力，在这种情况下受精率一定低。

第三部分　鹅场规划设计与场舍环境控制技术

良种、营养与饲养管理、疫病防治、科学的经营管理和畜牧工程设施是现代养禽生产的五大支柱，而且是一个有机的整体，任何一个环节出现问题，都会造成严重的经济损失。在激烈竞争的市场条件下，现代化的养殖企业在良种、营养与饲养管理、疫病防治、科学的经营管理方面建立起完善的技术体系，条件稍差的企业或个体户也能享受到很好的售后技术服务，相关技术问题能够得到妥善解决。而禽场选址和建筑设计等畜牧设施工程容易被忽视，造成禽场（舍）环境难以控制，为环境条件和疾病控制等埋下安全隐患，且禽场（舍）属于固定资产投资，不容易改建，建成后影响时间长，因此应充分重视禽场的选址、规划和禽舍的设计建设等畜牧工程设施，做到禽场（舍）建设标准化，为今后长远发展奠定坚实的基础。

鹅场建设更应注意科学化和规范化，因为鹅属于水禽，场址、场舍一般水源或水域面较大，若规划不好，很容易导致各种问题的发生。规模鹅场各类建筑物间的布局要做到因地制宜，科学合理，以节约资金，提高土地利用率。设计规范、布局合理的鹅场既便于饲养管理，又有利于防疫工作的开展，可减少疾病的入侵。

第一节　标准化鹅场规划设计

一、鹅场的选址

鹅场场址的好坏直接关系到投产后场区小气候状况、经营管理及环境保护状况（图 3-1）。现代化的养鹅生产必须综合考虑占地规模、场区内外环境、市场与交通运输条件、区域基础设施、生产与饲养管理水平等因素，场址选择不当，可导致整个鹅场在运营过程中得不到理想的经济效益，还有可能因为污染周围的大气、水、土壤等而遭到周边企业或城乡居民的反对。

图 3-1　鹅场全景

因此，场址选择是鹅场建设可行性研究的主要内容和规划建设必须面对的首要问题，需要考虑以下因素：

1. 水草丰盛　鹅属于水禽，喜欢在水中戏耍、清洁羽毛、觅食和求偶交配，良好的水源是养好鹅的重要条件。1 周龄内的雏鹅稍加训练就可成为戏水高手。放牧鹅群最好选择在水域宽阔、水质良好的地带。舍饲养鹅，特别是养种鹅时，要设置洗浴池或水上运动场，供鹅群洗浴、交配之用。天然的湖、塘、河等处，四旁有草地的地方，是养鹅的好场所。在北方一些缺水的地区，值得注意的是要为鹅群设置合适水域，以满足鹅喜水特性。

鹅舍要建在河边或湖滨处，水面尽量宽阔，水深在 1~2 米，水面波浪小。如是河流，需避开主航道，以减少应激因素。

2. 水源水质　鹅场要有水质良好和水量丰富的水源，同时应便于取用和进行防护。

水量充足是指能满足场内人禽饮用和其他生产、生活用水的需要，且在干燥或冻结时期也能满足场内全部用水需要。鹅是水禽，需水量比较大，建场选址时必须考虑水源供水量问题。

水质要清洁，不含细菌、寄生虫卵及矿物毒物。在选择地下水作为水源时，要调查是否因水质不良而出现过某些地方性疾病。中国农业部在 NY 5027—2008《无公害食品 畜禽饮用水水质量》、NY5028—2008《无公害食品 畜禽产品加工用水水质》中明确规定了无公害畜牧生产中的水质要求。水源不符合饮用水卫生标准时，必须经净化消毒处理，达到标准后方能饮用，畜禽饮用水质量要求见表 3-1。畜禽饮用水中农药限量指标见表 3-2。

表 3-1　畜禽饮用水质量要求

项　目	自备水	地面水	自来水
大肠杆菌值（个/升）	3	3	
细菌总数（个/升）	100	200	
pH 值	5. 5~8. 5		
总硬度（毫克/升）	600		
溶解性总固体（毫克/升）	2 000		
铅（毫克/升）	Ⅳ地下水标准	Ⅳ地下水标准	饮用水标准
铬（六价，毫克/升）	Ⅳ地下水标准	Ⅳ地下水标准	饮用水标准

表 3–2　畜禽饮用水中农药限量指标（单位：毫克/毫升）

项目	马拉硫磷	内吸磷	甲基对硫磷	对硫磷	乐果	林丹	百菌清	甲萘威	2，4- 二氯苯氧乙酸
限量	0.25	0.03	0.02	0.003	0.08	0.004	0.01	0.05	0.1

3. 地势与土壤地质

（1）地势。鹅场应选在地势较高、干燥平坦及排水良好的场地，要避开低洼潮湿地，远离沼泽地。地势要向阳背风，以保持场区小气候温热状况的相对稳定，减少冬春季风雪的侵袭。

平原地区一般场地比较平坦、开阔，应将场址选择在较周围地段稍高的地方，以利排水防涝。地面坡度以 1%~3% 为宜，且地下水位至少低于建筑物地基 0.5 米以下。对靠近河流、湖泊的地区，场地应比当地水文资料中最高水位高 1~2 米，以防涨水时被淹没。

山区建场应选在稍平缓的坡上，坡面向阳，总坡度不超过 25%，建筑区坡度应在 2.5% 以内。山区建场还要注意地质构造情况，避开断层、滑坡、塌方的地段，也要避开坡底和谷地及风口，以免受山洪和暴风雪的袭击。有些山区的谷地或山坳，常因地形地势限制，易形成局部空气涡流现象，致使场区内污浊空气长时间滞留、潮湿、阴冷或闷热，因此应注意避免。场地地形宜开阔整齐，避免过多的边角和过于狭长。

（2）土壤。土壤的透气性、吸湿性、毛细管特性及土壤化学成分等不仅直接和间接影响家禽场的空气、水质和地上植被等，还影响土壤的净化作用。沙壤土最适合场区建设，但在一些客观条件受限制的地方，选择理想的土壤条件很不容易，需要在规划设计、施工建造和日常使用管理上，设法弥补土壤缺陷。

对施工地段工程地质状况的了解，主要是收集工地附近的地质勘查资料，地层的构造状况，如断层、陷落、塌方及地下泥沼地层。对土层土壤的了解也很重要，如土层土壤的承载力，是否是膨胀土或回填土。膨胀土遇水后膨胀，导致基础被破坏，不能直接作为建筑物基础的受力层；回填土土质松紧不均，会造成建筑物基础不均匀沉降，使建筑物倾斜或遭破坏。遇到这样的土层，需要做好加固处理，严重的不便处理的或投资过大的则应放弃选用。此外，了解拟建地段附近土质情况，对施工用材也有意义，如沙层可以作为砂浆、垫层的骨料，可以就地取材，节省投资。

鹅场地面要平坦，向南或东南稍倾斜，背风向阳，场地面积大小要适当，土壤结构最好是沙质壤土，这种土壤排水性能好，能保持鹅场的干燥卫生。

4. 气候因素　气候状况不仅影响建筑规划、布局和设计，而且会影响鹅舍朝向、防寒与遮阳设施的设置，与鹅场防暑、防寒日程安排等也十分密切。因此，规划鹅场时，需要收集拟建地区与建筑设计有关和影响鹅场小气候的气候气象资料和常年气象变化、灾害性天气情况等，如平均气温，绝对最高气温、最低气温，土壤冻结深度，降水量与积雪深度，最大风力，常年主导风向、风向频率，日照情况等。各地均有民用建筑热工设计规范和标准，在鹅舍建筑的热工计算时可以参照使用。

5. 社会条件

（1）城乡建设规划。鹅场选址应符合本地区农牧业发展总体规划、土地利用发展规划、城乡建设发展规划和环境保护规划，不要在城镇建设发展方向上选址，以免影响城乡人民的生活环境，造成频繁的搬迁和重建。

（2）交通运输条件。鹅场每天都有大量的饲料、粪便、产品进出，所以场址应尽可能接近饲料产地和加工地，靠近产品销售地，确保其有合理的运输半径。大型集约化商品场，其物资需求和产品供销量极大，对外联系密切，故应保证交通方便，场外应通有公路，但应远离交通干线。

（3）电力供应情况。鹅场生产、生活用电都要求有可靠的供电条件，一些家禽生产环节如孵化、育雏、机械通风等所需电力供应必须绝对保证。通常，建设畜牧场要求有Ⅱ级供电电源。在Ⅲ级以下供电电源时，则需自备发电机，以保证场内供电的稳定可靠。为减少供电投资，应尽可能靠近输电线路，以缩短新线路辐射距离。

（4）卫生防疫要求。为防止家禽场受到周围环境的污染，选址时应避开居民点的污水排出口，不能将场址选在化工厂、屠宰场、制革厂等容易产生环境污染企业的下风向处或附近。在城镇郊区建场，距离大城市 20 千米，小城镇 10 千米。按照畜牧场建设标准，要求距离铁路、高速公路、交通干线不小于 1 千米，距离一般道路不少于 500 米，距离其他畜牧场、兽医机构、畜禽屠宰厂不小于 2 千米，距居民区不小于 3 千米，且必须在城乡建设区常年主导风向的下风向。禁止在以下地区或地段建场：规定的自然保护区、生活饮用水水源保护区、风景旅游区；受洪水或山洪威胁及泥石流、滑坡等自然灾害多发地带；自然环境污染严重的地区。

（5）土地征用需要。必须遵守十分珍惜和合理利用土地的原则，不得占用基本农田，尽量利用荒地和劣地建场。大型家禽企业分期建设时，场址选择应一次完成，分期征地。近期工程应集中布置，征用土地满足本期工程所需面积。远期工程可预留用地，随建随征。征用土地可按场区总平面设计图计算实际占地面积。

二、鹅场的布局

鹅场规划的原则是分区规划，按照生产目的进行功能区规划。在满足卫生防疫等条件下，建筑紧凑，节约土地，满足生产需要。

1. 鹅场的分区　鹅场可分成管理区、生产区和隔离区。各功能区应界限分明，联系方便。管理区与生产区间要设大门、消毒池和消毒室。管理区设在场区常年主导风向上风处及地势较高处，主要包括办公设施及与外界接触密切的生产辅助设施，设主大门，并设消毒池。

生产区可以分成几个小区，它们之间的距离在 300 米以上，每个小区内可以有若干栋鹅舍，综合考虑鹅舍间防疫、排污、防火和主导风向与鹅舍间的夹角等因素，鹅舍间距离为鹅舍高度的 3~5 倍。各区按风向建设示意图见图 3-1。

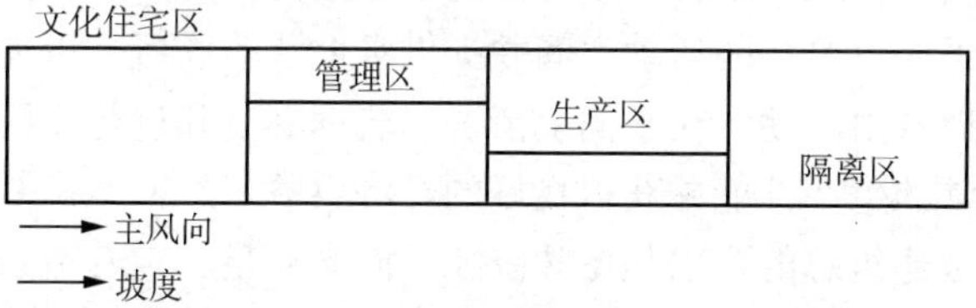

图 3-1　各区按风向建设示意图

隔离区设在场区下风向处及地势较低处，主要包括兽医室、隔离鹅舍等。为防止相互污染，与外界接触要有专门的道路相通。场区内设净道和污道，污道与后门相连，两者严格分开，不得交叉、混用。

2. 场区绿化　绿化是鹅场规划建设的重要内容，要结合区与区之间、舍与舍之间的距离、遮阴及防风等需要进行。可根据当地实际种植能美化环境、净化空气的树种和花草，但不宜种植有毒、飞絮类植物（图 3-2）。

三、鹅舍建筑

禽舍作为家禽生活和生产的场所，必须保证合适的生活环

图 3-2　场区绿化示意图

境，如良好的通风换气、温度和光照控制、废物清除等功能。鹅具有敏感性高、活动力强、喜水、喜清洁等特性，要求有较大的活动空间。因此，鹅舍除了需要具备以上禽舍的一般特点外，还需要给予鹅只更多的活动空间并提供水上活动场所，以使鹅只能够较好地自由活动，在水面上清洗、梳理羽毛和进行交配，从而发挥正常的生产性能并获得良好的经济效益。

鹅舍建筑总的要求是冬暖夏凉、阳光充足、空气流通、干燥防潮、保持卫生、经济耐用，同时要考虑建在拥有水源、地势较高而又有一定坡度的地方。设计鹅舍要求功能完备，操作合理；利于防疫，持续发展；结构坚固，经久耐用；节约能源，降低成本；便于舍内各项环境指标的控制。

鹅舍应根据饲养鹅种的不同年龄、不同饲养方式、不同饲养地的气候条件来建造。建筑材料选用原则是就地取材，因陋就简。根据鹅舍的用途可分为育雏鹅舍、育成（或青年）鹅舍、种鹅舍。各类鹅舍的要求各有差异。

1. 育雏鹅舍　南北方育雏鹅舍大致相同（图 3-3），一般都采用离地的漏缝地板式或网床养殖，使雏鹅与粪便隔离，防止被粪便中有害细菌的感染。为了保温，网床上方可以安装红外保温灯，或者在网床下方地下或地面设置炉火烟道保证舍内供暖。网床内还给予料槽和饮水器。南方的网床往往是单层的，北方的多为多层，主要是为了使雏鹅更好地保暖。雏鹅在舍内的饲养时间根据外界气温变化而定，夏季时间短于冬季。

图 3-3 育雏鹅舍

雏鹅绒毛稀少，体质比较娇弱，调节体温能力差，需要有 14~28 天的保温时间。要求育雏舍温暖、干燥、保温性能良好，空气流通而无贼风，电力供应稳定，最好设有保温设备。每栋育雏舍以容纳 500~1 000 只雏鹅为宜。房舍檐高 2~2.5 米，内设天花板，以增加保温性能。窗与地面面积之比一般为 1 ：（10 ~ 15），南窗离地面 60~70 厘米，设置气窗，便于空气调节；北窗面积为南窗的 1/3~1/2，离地面 1 米左右，所有窗子与下水道通外的口子要装上铁丝网，以防兽害。育雏舍地面最好用水泥或砖铺成，以便于消毒，并向一边略倾斜，以利于排水。室内放置饮水器的地方，要有排水沟，并盖上网板，雏鹅饮水时溅出的水可漏到排水沟中排出，确保室内干燥。为便于保温和管理，育雏室应隔成几个小间。每小间的面积为 12~14 平方米，可容纳 30 日龄以下的雏鹅 100 只左右。舍前设运动场和水浴池，运动场亦是晴天无风时的喂料场，略向水面倾斜，便于排水，喂料场与水面连接的斜坡长 3.5~5 米。运动场宽度为 3~6 米，长度与鹅舍长度等齐。运动场外接水浴池，池底不宜太深，且应有一定坡度，便于雏鹅上下和浴后站立休息（图 3-4）。

图 3-4　水面运动场

2. 育成鹅舍　育成鹅舍也称青年鹅舍。育成阶段鹅的生活力较强，对温度的要求不如雏鹅严格。因此，育成鹅舍的建筑结构简单，基本要求是能遮挡风雨、夏季通风、冬季保暖、室内干燥。在南方气候温和地区可采用简易的棚架式鹅舍。规模较大的鹅场，建筑育成鹅舍时，可参考育雏鹅舍。

育成鹅体形较大，生活力旺盛，抵抗力强，能够忍受粗放的环境和适应多种类型的鹅舍，因此各地的育成鹅和商品鹅鹅舍呈现较大的差异和多样性。

育成鹅舍内可设计成栅架，分单列式或双列式两种，四面可用竹子围成栏栅，围高 64 厘米，每根竹竿间距 5~6 厘米，以方便鹅头伸出采食和饮水。外设料槽和水槽，饲料槽上宽 30 厘米、底宽 24 厘米、高 25 厘米，水槽宽 20 厘米、高 12 厘米。育肥栅架离地面 70 厘米以上，栅底竹条间间隙 2.5~3 厘米，以使粪便漏下。育肥舍分若干小栏，每小栏 10 ~15 平方米，可容纳中等体形育肥鹅 70~90 只（图 3-5）。也可不用棚架，鹅群直接养在地面上，但须每天清扫，常更换垫草，并保持舍内干燥。

在北方常见的是旱养鹅舍，由于北方干燥缺水，冬季气候寒

图 3-5　棚架育肥鹅舍

冷，因此需要建造砖瓦结构和轻钢结构的鹅舍。同时采用旱养、半旱养的养殖模式。在东北草原或草甸区域则还有放牧加补饲的生产方式，北方鹅种的羽绒质量高且售价较高，加上近年南方鹅肉消费量不断上升，北方肉鹅生产的经济效益一直很好，特别是东北地区出现了很多产业化经营的养鹅企业，在政府项目支持下，从国外引进了性能优良的鹅种，建造了许多高档鹅舍，这些鹅舍高大宽敞，采用轻钢结构的钢质屋顶和泡沫保暖建材建造。其内部一般采用打碎的玉米秸秆作为垫料，在舍外的运动场也同样放置有料槽和饮水器（图 3-6）。

图 3-6　北方旱养鹅舍

3. 种鹅舍　鹅为季节繁殖性动物，其繁殖季节南方鹅为每年的9月到翌年的5月；北方鹅为每年的2月至当年的7月上旬产蛋，换羽后在秋季又可部分产蛋，为了改变母鹅的繁殖季节，发挥其最大的繁殖性能，需要为其提供一个舒适的生活环境，种鹅舍的建设应比其他鹅舍标准高，这方面各地存在很大差异。

种鹅舍建筑视地区气候而定，一般也有固定鹅舍和简易鹅舍之分，舍内鹅栏有单列式和双列式两种。双列式鹅舍中间设走道，两边都有陆上运动场和水上运动场，在冬天结冰的地区不宜采用双列式。单列式鹅舍冬暖夏凉，较少受季节和地区的限制，故大多采用这种方式。单列式鹅舍走道应设在北侧。种鹅舍要求防寒、隔热性能好，有天花板或隔热装置更好。北方鹅舍屋檐高度为1.8~2.0米，以利保暖，南方则应提高到3米以上。窗与地面面积比要求1∶8或以上，特别在南方地区南窗应尽可能大些，离地60~70厘米以上的大部分做成窗，北窗可小些，离地100~120厘米。鹅舍地面易消毒，设排水沟，舍内地面比舍外高10~15厘米。一般种鹅场，在种鹅舍的一角须设产蛋间（栏）或安置产蛋箱，产蛋间可用高60厘米的竹竿围成，开设2~3个小门，让产蛋鹅自由进出；地面上铺细沙，或木板上铺稻草。简易种鹅舍见图3-7。

图3-7　简易种鹅舍

每栋种鹅舍以养 400~500 只种鹅为宜。产蛋期种鹅舍由舍内、陆上运动场和水上运动场三部分组成，舍内面积的计算办法为：大型种鹅每平方米 2~2.5 只、中型种鹅每平方米 3 只、小型种鹅每平方米 3~3.5 只。陆上运动场一般应为舍内面积的 2~2.5 倍，水上运动场与陆上运动场面积几乎相等，或至少为陆上运动场面积的 1/3~1/2，水深 80~100 厘米。周围要建围栏或围墙，一般高度在 1~1.3 米即可。鹅舍周围应种树，树荫可使鹅群免受酷暑侵扰。如无树荫或树荫不大，可在水陆运动场交界处搭建凉棚，防止日光直射。种鹅舍见图 3-8。

图 3-8 种鹅舍示意图

种鹅舍规划图见图 3-9。

图 3-9 种鹅舍规划图

我国养鹅业由于整体水平较低，农民、企业和政府项目投入水平差异较大，造成我国各地鹅舍建筑类型和档次参差不齐。现在养鹅生产中鹅舍类型有开放式、半封闭式和全封闭式。无论哪一种鹅舍都是根据当地生产环境、自己的经济实力和生产方向要求而建。全封闭式环控鹅舍节约土地，对公共水域的污染小，将成为未来水资源和土地资源日益紧张情况下的最佳选择。同时还需要考虑如何优化鹅舍设计，研发不同季节不同地区的通风换气方式和技术，结合良好的饲喂方式，更好地控制鹅舍内环境，节约能源投入，开展节能低碳养鹅。半封闭式鹅舍见图 3-10。

图 3-10　半封闭式鹅舍

现在，无论是鹅肉还是鹅肥肝或鹅绒等产品，都被消费者认为是绿色食品或高档产品，使得目前养鹅业经济效益一直较好，鹅产品消费量在近年和将来都将持续上升，这些无疑将进一步促进养鹅生产向产业化方向发展。

4. 孵化室　孵化室是养鹅场的重要组成部分，有的已经发展成为专门的企业组织。孵化室应与外界保持可靠的隔离，应有专门的出入口，与鹅舍的距离至少应为 150 米，以免来自鹅舍的病原微生物横向传播。孵化室应具有良好的保温性能，外墙、地面要进行保温设计。孵化室要求有换气设备，使二氧化碳的含量低于 0.01%。

孵化室设计应注重以下几点：

第一，孵化厅的保温性。地面、屋顶、四周墙壁具有良好的保温性能。外墙厚度应为 37 厘米，地面要求填 20 厘米厚的炉灰渣后，用水泥浇地。地面的承重能力应大于 7 千帕（700 千克/米^2）。

第二，孵化室要求通风性能良好，室内二氧化碳的含量应小于 0.01%。孵化室的门应与孵化机的门呈垂直方向或错开位置。门窗的位置应尽量避免室外气流直接通向室内，孵化室窗户面积不宜过大。

第三，孵化室应与外界保持可靠的隔离，与鹅舍的距离至少应有 150 米，以免来自鹅舍的病原微生物横向传播。孵化厂的工艺流程：种蛋选择、装盘、消毒、入库、预温消毒、孵化、出雏、性别鉴定、包装、外运。

5. 鹅舍设计与建造的基本原则　鹅舍设计与建造合理与否，不仅关系到鹅舍的安全和使用年限，而且对家禽生产潜力的发挥、舍内小气候状况、禽场工程投资等具有重要影响。进行鹅舍设计与建造时，必须遵循以下原则：

（1）满足建筑功能要求。家禽场建筑物有一些独特的性质和功能。要求这些建筑物既具有一般房屋的功能，又有适应家禽饲养的特点；由于场内饲养密度大，所以需要有兽医卫生及防疫设施和完善的防疫制度；由于有大量的废弃物产生，所以场内必须具备完善的粪尿处理系统，还必须有完善的供料贮料系统和供水系统。这些特性，决定了家禽场的设计、施工只有在畜牧兽医专业技术人员参与下，才能使家禽场的生产工艺和建筑设计符合畜牧生产的要求，才能保证设计的科学性。

（2）符合家禽生产工艺要求。规模化家禽场通常按照流水式生产工艺流程，进行高效率、高密度、高品质生产，鹅舍建筑设计应符合家禽生产工艺要求，便于生产操作及提高劳动生产率，利于集约化经营与管理，满足机械化、自动化所需条件和留有发展余地。首先，要求在卫生防疫上确保本场人禽安全，避免外界的干扰和污染，同时也不污染和影响周围环境；其次，要求场内各功能区划分和布局合理，各种建筑物位置恰当，便于组织生产；再次，要求禽场总体设计与鹅舍单体设计相配套，鹅舍单体设计与建造符合家禽的卫生要求和设备安装的要求；最后，要求按照“全进全出”的生产工艺组织家禽业的商品化生产。

（3）有利于各种技术措施的实施和应用。正确选择和运用建筑材料，根据建筑空间特点，确定合理的建筑形式、构造和施工方案，使鹅舍建筑坚固耐用，建造方便。同时鹅舍建筑要利于环境调控技术的实施，以便保证家禽良好的健康状况和高产。

（4）注意环境保护和节约投资。既要避免家禽场废弃物对自身环境的污染，又要避免外部环境对家禽场造成污染，更要防止家禽场对外部环境的污染。要搞好家禽场环境保护，合理选择场址及规划是先决条件，重视以废弃物处理为中心的环境保护设计，大力进行生态家禽场建设，充分利用废弃物，是环境保护的重要措施。

在鹅舍设计和建造过程中，应进行周密的计划和核算，根据当地的技术经济条件和气候条件，因地制宜、就地取材，尽量做到节省劳动力、节约建筑材料，减少投资。在满足先进的生产工艺的前提下，尽可能做到经济实用。

四、鹅舍设施

1. 育雏设备 早春气温较低，且天气变化无常，刚出壳的雏鹅调节体温的能力较差，所以必须供温育雏，育雏用的供温设备一般可采用煤炉、炕道等。

在育雏室内砌筑地火龙供温，可增加室内育雏面积，温度均匀，稳定，且无煤气中毒的危险（图 3-11）。这种地火龙可在建造育雏舍时同时砌筑。育雏舍炉灶，火口在地下，由 4~5 条砖

图 3-11　地上火龙

砌的炕道通向另一头，集中在一个烟囱出口。灶内也可燃烧砻糠、木屑等耐燃燃料，以保证坑道内温度均衡。用煤炉加温，则需安装烟囱，及时排出煤气。由于育雏舍内经常铺用垫草，因此，用煤炉供温还需时刻注意防火。不论是煤炉供温还是坑道供温，舍内均需用围网将雏鹅围成小栏，围网高 20~30 厘米。每一栏30~50 只雏鹅。随着雏鹅的长大，圈栏可逐渐放大，并逐步并群。围栏上应放置竹竿。每 4~5 个围栏就应留出一块干净的空地，约 2 平方米。准备 2~3 块相同大面积的塑料布，以备雏鹅活动、喂食、喂水之用。每一块这样的空地应配有 4~5 个饮水器具，可用毛竹劈成两半制作，也可用水盆；饮水器具的面积应以 1 次喂水时可同时有一半的雏鹅饮到水为宜。每一育雏舍内还应备有多个水桶、水勺、料桶及专用的菜刀、砧板，以备切青饲料用。

网上育雏设备见图 3-12。

2. 中鹅成鹅用喂料器和饮水器　育雏完毕后的中鹅应有适当高度的饮水器和喂料器，可在瓦盆、水槽周围用竹条围起，使鹅能将头伸进啄食而不能踩进饲料盆。鹅龄较大时也可不用竹围，但盆必须有一定的高度。盆上沿的高度应随鹅龄的增加而及时调整，原则上以鹅能采食为好。木制饲槽应适当加以固定，防止碰翻。也可自制水泥饲槽，饲槽长度一般为 50～100 厘米，上宽 30～40 厘米，下宽 20～30 厘米，高 10～20 厘米，内面应光滑。

图 3-12　网上育雏设备

3. 围栏和旧渔网　鹅群放牧时应随身携带竹围或旧渔网。鹅群放牧一定时间后，将围栏或渔网围起，让鹅群休息。

4. 产蛋箱和孵化箱　一般可不设产蛋箱，仅在种鹅舍内一角围出一个产蛋室让母鹅自由进出。育种场和繁殖场需做个体记录时，应设立自闭式产蛋箱。天然孵化时应备有孵化箱。但也可用砖垒成孵化巢。孵化箱和孵化巢可做成上宽下小的圆形锅状巢。上直径 40～45 厘米，下直径 20～25 厘米，高 35～45 厘米。里面铺上稻草，孵化箱或孵化巢都应高离地面 10～15 厘米。巢与巢之间应有一定距离，以防止孵鹅打架或偷蛋。

5. 运输鹅或种蛋的笼或箱　应有一定数量的运输育肥鹅或种鹅的笼子，可用竹子制成，长 80 厘米，宽 60 厘米，高 40 厘米；种鹅场还应有运种蛋和雏鹅的箱子，箱子应保温、牢固。此外，不管是何种鹅舍，均需备足新鲜干燥的稻草以做垫料之用，可在秋收时收购并贮备起来，苫上草帘或苫布，不使淋雨霉变。

6. 环境控制设备

（1）控温设备。包括降温设备和采暖设备，常见的有以下几种设施。

1）湿帘-风机降温系统。该系统由湿帘（或湿垫）、风机、循环水路与控制装置组成。具有设备简单、成本低廉、降温效果好、运行经济等特点，比较适合高温干燥地区（图 3–13）。

在湿帘–风机降温系统中，关键设备是湿帘。国内使用比较多的是纸质湿帘，采用特种高分子材料与木浆纤维空间交联，加入高吸水、强耐性材料胶结而成，具有耐腐蚀、使用寿命长、通风阻力小、蒸发降温效率高、能承受较高的过流风速、安装方便、便于维护等特点。湿帘–风机降温系统是目前最成熟的蒸发降温系统。

图 3–13　湿帘–风机降温系统

湿帘的厚度以 100～200 毫米为宜，干燥地区应选择较厚的湿帘，潮湿地区所用湿帘不宜过厚。

2）喷雾降温系统。用高压水泵通过喷头将水喷成直径小于 100 微米雾滴，雾滴在空气中迅速汽化而吸收舍内热量使舍温降低。常用的喷雾降温系统主要由水箱、水泵、过滤器、喷头、管路及控制装置组成，该系统设备简单，效果显著，但易导致舍内湿度升高。若将喷雾装置设置在负压通风鹅舍的进风口处，雾滴的喷出方向与进气气流相对，雾滴在下落时受气流的带动而降落缓慢，延长了雾滴的汽化时间，提高了降温效果。但鹅舍雾化不全时，易淋湿羽毛，影响生产性能。

3）电热式保温伞。热源主要为红外线灯泡和远红外板，伞内温度由电子控温器控制，可将伞下距地面 5 厘米处的温度控制在 26～35℃，温度调节方便。

4）燃气式保温伞。主要由辐射器和保温反射罩组成。可燃气体在辐射器处燃烧，产生热量，通过保温反射罩内表面的红外线涂层向下反射远红外线，以达到提高伞下温度的目的。燃气式保温伞内的温度可通过改变悬挂高度来调节。

由于燃气式保温伞使用的是气体燃料（天然气、液化石油气和沼气等），所以育雏室内应有良好的通风条件，以防由于不完全燃烧产生一氧化碳而使雏鹅中毒。

5）热风炉。热风炉供暖系统主要由热风炉、送风风机、风机支架、电控箱、连接弯管、有孔风管等组成（图 3-14）。热风炉有卧式和立式两种，是供暖系统中的主要设备。它以空气为介质，采用燃煤板式换热装置，送风升温快，热风出口温度为 80~120℃，热效率达 70%以上，比锅炉供热成本降低 50%左右，且使用方便、安全，是目前推广使用的一种采暖设备。可根据鹅舍供热面积选用不同功率的热风炉。立式热风炉顶部的水套还能利用烟气余热提供热水。

图 3-14　热风炉供暖系统

（2）通风设备。通风设备主要是风机，包括轴流风机和离心风机。

1）轴流风机。主要由外壳、叶片和电机组成，叶片直接安装在电机的转轴上。轴流风机风向与轴平行，具有风量大、耗能少、噪声小、结构简单、安装维修方便、运行可靠等特点，而且叶片可以逆转，以改变输送气流的方向，而风量和风压不变，因此，既可用于送风，也可用于排风。但风压衰减较快。目前鹅舍的纵向通风常用节能、大直径、低转速的轴流风机。

2）离心风机。离心风机主要由蜗牛形外壳、工作轮和机座组成。这种风机工作时，空气从进风口进入风机，旋转的带叶片工作轮形成离心力将其压入外壳，然后再沿着外壳经出风口送入通风管中。离心风机不具逆转性，但产生的压力较大，多用于畜舍热风和冷风输送。

（3）照明设备。

1）人工光照设备。包括白炽灯、荧光灯。

2）照度计。可以直接测出光照强度的数值。由于家禽对光照的反应敏感，鹅舍内要求的照度比日光低得多，应选用精确的仪器。

3）光照控制器。基本功能是自动启闭鹅舍照明灯，即利用定时器的多个时间段自编程序功能，实现精确控制舍内光照时间。

第二节　鹅舍环境控制

一、舍内温度控制

1. 水禽对温度的要求　水禽羽绒发达，一般能够抵抗寒冷，但缺乏汗腺，对炎热的环境适应性较差。当温度超过30℃时，采食量减少，雏禽增重减慢，成年禽产蛋数和蛋重下降。而且禽蛋的蛋壳质量也下降，破蛋率提高，蛋白稀薄。炎热气候条件下，种蛋的受精率和孵化率也会下降。一般来说，成年产蛋水禽适宜的温度为5~27℃。而最适宜温度为13~20℃，在此温度条件下，产蛋率、受精率、饲料转化率都处于最佳状态。

2. 控温设计　主要考虑冬季的防寒和夏季的防暑问题。

（1）防寒设计。北侧和西侧向风的墙壁应该适当加厚，墙内外及屋檐下应该用草泥或沙石灰浆抹匀，防止冬季冷风通过墙缝进入舍内。北侧和西侧墙壁上的门窗数量及大小应小于南墙和东墙，而且要有良好的密闭性能。

屋顶可以使用草秸或在石棉瓦的上面铺草秸，与单一的石棉瓦屋顶相比，草秸屋顶的保温和隔热效果更好。屋顶表面还可以用草泥糊一层，既可以加固屋顶以防止风将草秸吹掉，又可以提高保温和防火效果。

（2）防暑设计。屋顶设计对夏季舍内温度的影响最大，其要求可以参照屋顶的防寒设计房屋的朝向，而墙壁要加装辐射防晒层。

（3）控温设备的应用。主要包括轴流式风机、湿帘、喷雾降温设备等。

二、舍内湿度控制

1. 湿度对水禽的影响 鹅虽然是水禽，但是舍内潮湿对不同生理阶段、不同季节鹅群的健康和生产都是不利的。鹅在饮水时，很容易将水洒到地面，在鹅舍设计时应该充分考虑排水防潮问题。在寒冷的冬春季节，舍内潮湿的垫料会影响正常的高产，禽粪会造成种蛋污染。炎热的夏季，潮湿的空气会引起饲料霉变，甚至鹅羽毛上也会生长霉菌，造成霉菌病的暴发。夏季垫料潮湿也会霉变。

2. 防潮设计 防潮设计可以从以下几个方面考虑：鹅舍要建在地势较高的地方，因为低洼的地方受地下水和地表水的影响经常是潮湿的；舍内地面要比舍外高出 30 厘米以上，有利于舍内水的排出和避免周围雨水向舍内浸渗；屋顶不能漏雨；舍内要设置排水沟，以方便饮水设备内洒出水的排出；如果用水槽供水则水槽边缘的高度要适宜，从一端到另一端有合适的坡度，末端直接通到舍外。

三、舍内通风控制

1. 通风对水禽的影响 通风对于水禽饲养意义重大。合理的通风可以有效调节舍内的温度和湿度，在夏季尤为重要。通风在保证氧气供应的同时，清除了舍内氨气、硫化氢、二氧化碳等有害气体，而且使病原微生物的数量大大减少。

2. 通风设计　一年四季对舍内的通风要求（通风量、气流速度）有很大区别，在禽舍的通风设计上应充分考虑到这一点。通风包括自然通风和机械通风两种方式。自然通风依靠舍内外气压的不同，通过门窗的启闭来实现。机械通风则是禽舍通风设计的主要方面。机械通风有正压通风和负压通风两种形式，按气流方向还可以分为纵向通风和横向通风。不同的通风方式各有特点，分别适用于不同类型的禽舍以及不同的季节。现将有关机械通风的方式介绍如下：

（1）负压纵向通风设计。这种通风方式是将禽舍的进风口设置在一端（禽场净道一侧）山墙上，将风机（排风口）设置在另一端（污道一侧）的山墙上。当风机开启后将舍内空气排出而使舍内形成负压，舍外的清新空气通过进风口进入舍内。空气在舍内流动的方向与禽舍的纵轴相平行。这种通风方式是大型成年禽舍中应用效果最理想、最普遍的方式，它产生的气流速度比较快，对夏季热应激的缓解效果明显。同时，污浊的空气集中排向鹅舍的一端，也有利于集中进行消毒处理，还保证了进入禽舍的空气质量。这种通风方式在禽舍长60~80米、宽不大于12米、前后墙壁密封效果好的情况下应用比较理想。

进风口设计时要尽可能安排在前端山墙及靠近山墙的两侧墙上，进风口的外面用铁丝网罩上以防止鼠雀进入。进风口的底部距舍内地面不少于20厘米，总面积应是排风口总面积的1.5~2倍。

风机的安装应将大小型号相间而设，可以多层安设，安装的位置应该考虑山墙的牢固性。下部风机的底部与舍外地面的高度不少于40厘米，为了防止雨水对风机的影响，可以在风机的上部外墙上安装雨搭。风机的内侧应该有金属栅网以保证安全，风机外面距墙壁不少于3米以免影响通风效率。每个风机应单独设置闸刀，以便于控制。

（2）负压横向通风设计。即将进风口设置在禽舍的一侧墙壁上，将风机（排风口）设置在另一侧墙壁上，通风时舍内气流方向与鹅舍横轴相平行。这种通风方式气流平缓，主要用于育雏舍。

进风口一般设置在一侧墙壁的中上部，可以用窗户代替；风机设置在另一侧墙壁的中下部，其底壁距舍内地面约40厘米，内侧用金属栅网罩上。所用的风机都是小直径的排风扇。

（3）正压通风。正压通风即指用风机向禽舍内吹风，使舍内空气压力增高而从门窗及墙缝中透出。使用热风炉就是这种通风方式的典型代表，夏季用风机向禽舍内吹风也是同一原理。

四、光照及其控制

1. 光照对水禽的影响 光照与水禽的采食、活动、生长、繁殖息息相关，尤其是对水禽性成熟的控制，光照和营养同样重要。雏禽为了满足采食以达到快速生长的需要，要求光照时间较长，除了自然光照以外，还需要人工补充光照。育成期水禽一般只利用自然光照，防止过早性成熟。产蛋期每天16～17小时的长光照制度，有利于刺激性腺的发育、卵泡的成熟、排卵，提高产蛋率。

2. 采光设计 水禽舍内的采光包括自然照明和人工照明。自然照明是让太阳的直射光和散射光通过窗户、门及其他孔洞进入舍内，人工照明则是用灯泡向舍内提供光亮。一般禽舍设计主要考虑人工照明，根据禽舍的宽度在内部安设2～3列灯泡，灯泡距地面高约1.7米，平均1平方米地面有1个3～5瓦功率的灯泡即可满足照明需要。另外，在禽舍中间或一侧单独安装1个25

瓦的灯泡，在夜间其他灯泡关闭后用于微光照明。

五、噪声及其控制

水禽长期生活在噪声环境中，会出现厌食、消瘦、生长不良、繁殖性能下降等不良反应。突然的异常响动会造成惊群、产蛋率突然下降。超强度的噪声（如飞机低飞）会造成水禽突然死亡，尤其是高产水禽。

合理选择场址是降低噪声污染最有效的措施，水禽场要远离飞机场、铁道、大的工厂。另外，在饲养管理过程中要尽量减少人为的异常响动。

六、尘埃和微生物及其控制

水禽舍的尘埃和微生物，一是由舍外进入，二是舍内禽在饲养和生产过程产生的，如分发饲料、翻动垫料、清扫地面、水禽活动、采食、鸣叫、咳嗽、打喷嚏等都会使舍内的尘埃和微生物数量增多。尘埃一般用重量法来计量，单位为毫克/米^3，微生物用数量法衡量，单位为个/米^3。尘埃对水禽的主要危害是与皮肤上的分泌物、皮屑及微生物混在一起，使皮肤发痒、发炎，尘埃多时，还能堵塞皮脂腺，影响皮脂分泌，使表皮干燥、易损伤和破裂，尘埃还可被吸入呼吸道，舍内的许多尘埃携带有微生物或吸附有有害气体，易损伤呼吸道，也易造成病原体的感染。

水禽舍尘埃和微生物的防控措施主要有：选好场址，远离医院、兽医院等污染源，与居民区和养殖场最少有500米以上的距离，场区设置隔离设施，地面除了道路等需硬化的地方外，其余地方均进行绿化；舍内地面不要干扫，做好场区和水禽舍的消毒工作，转群时必须“全进全出”，除特别需要外，场外人员一般不允许进入生产区。

第四部分　鹅的孵化技术

鹅的人工孵化是一项综合性的技术工作，品质优良的种蛋是取得良好孵化效果的内在依据，而合适的温度、湿度、通风、翻蛋和良好的卫生管理则是家禽胚胎正常发育所必备的外环境条件。因此，生产中要做好种鹅的饲养管理和繁殖工作，加强种蛋管理，保证合适的孵化条件。

第一节　种蛋的管理

种蛋管理包括种蛋的选择、保存、运输和消毒。

一、种蛋的选择

种蛋的选择包括以下几个方面。

（一）种蛋的来源

种蛋的品质取决于种禽的遗传品质和饲养管理条件的优劣。所以，种蛋应该来源于：生产性能高且稳定，繁殖力强和健康无病的种鹅，种禽应该喂饲全价饲料，有科学的环境管理和配种制度。种鹅的年龄适当，饲养管理方法科学。患病期间和初愈的种鹅所产蛋也不宜作种蛋用。引种时不能从疫区引种。

（二）种蛋收集

地面平养的种鹅，为了防种蛋破损和污染，每天需收集 2~3

次，夏、冬季再加收 1~2 次。收集蛋的同时先分别挑出畸形蛋、破蛋，单独放置；蛋不在舍内过夜；集蛋用品每天应清洗消毒（图 4-1）。

图 4-1　收集的种蛋

（三）种蛋选择的方法

1. 外观性状选择

（1）蛋壳颜色。蛋壳颜色是品种特征，应符合本品种的要求，颜色要均匀，正常蛋壳颜色一般为玉白色，但有时色泽深浅不一致（主要受饲料原料、某些营养素、健康状况、周龄大小等因素影响）。

（2）蛋重。蛋重应符合品种标准，鹅蛋随产蛋生物学年和体形大小蛋重也不一样，大型鹅蛋重比较大，如我国大型鹅种狮头鹅，第一个产蛋年平均蛋重为 176.3 克，第二年平均蛋重 217.2 克；中型鹅种皖西白鹅平均蛋重 142 克，蛋壳白色。超过标准范围±10%的蛋不宜作种用，蛋重大小均匀可以使雏鹅出壳时间集中，体况均匀一致。异常鹅蛋见图 4-2。

（3）蛋形。蛋形应为卵圆形，一端稍大，钝圆，另一端略小（图 4-3）。鹅蛋形指数（纵径与横径之比）以 1.4~1.5 范围为好。过长、过圆、腰凸、橄榄形（两头尖）的蛋都应剔除。

图 4-2 异常鹅蛋（过大、过小、过长）

图 4-3 蛋形正常

（4）清洁度。蛋壳表面应清洁无污物。受粪便、破蛋液等污染的蛋在孵化中胚胎死亡率高，易产生臭蛋污染孵化器和其他胚蛋。若沾有少许污物的蛋可经水洗、消毒后尽快入孵，蛋壳脏污见图 4-4。

图 4-4 蛋壳脏污

（5）蛋壳质地。要求蛋壳应致密，表面光滑、不粗糙。首先要剔出破蛋、裂纹蛋、皱纹蛋；蛋壳厚度为 0.35～0.40 毫米，过厚的蛋影响蛋内水分的正常蒸发，出雏也困难；蛋壳过薄容易破裂，蛋内水分蒸发过速，也不利于胚胎发育。砂皮蛋厚薄不均也不宜用。问题蛋壳见图 4-5。

2. 听音 检蛋者双手各拿两枚蛋，手指转动蛋相互轻轻碰

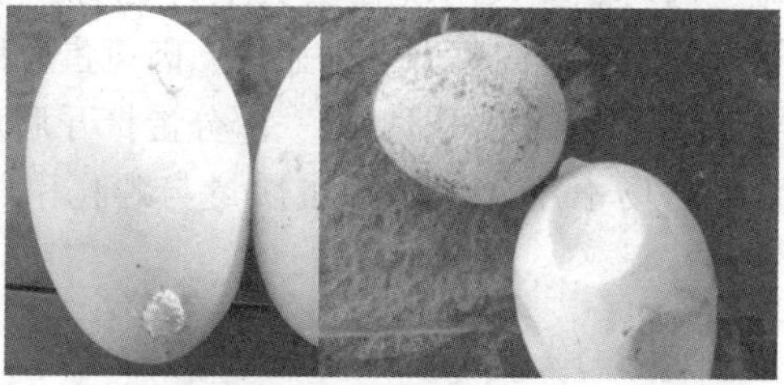

图 4-5　蛋壳有斑块、砂皮蛋和软壳蛋

撞，完好的蛋其声清脆，破裂的蛋有沙哑的破裂声。这种方法主要与蛋的外观选择结合，挑拣出破裂蛋。

3. 照蛋观察　利用照蛋器械观察蛋的品质。

（1）蛋壳。破裂的蛋在裂纹处透亮，砂皮蛋则可见到点点亮斑。

（2）气室。新鲜的蛋气室小，存放较久者气室变大；气室游动，位置不固定的蛋也不能作种蛋用。

（3）蛋黄。新鲜蛋的蛋黄为完整圆形，位于蛋的正中；蛋黄上浮可能是系带因受震动或久存而断裂；蛋黄沉散多是运输不当或久存或细菌侵入引起蛋黄膜破裂而造成。蛋黄偏离一侧的鹅蛋见图 4-6。

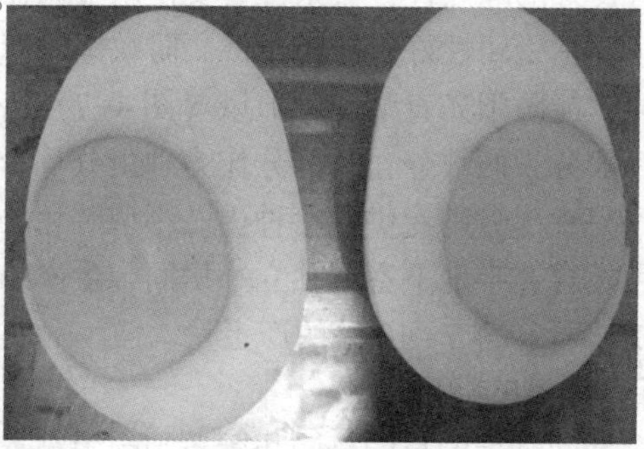

图 4-6　蛋黄偏离一侧

(4) 血斑、肉斑。多数出现在蛋黄上（也有在蛋清上的），观察时为白色、黑色或暗红色斑点，血斑、肉斑蛋应剔除。

此外，还有剖视抽验法，即抽出一部分蛋打开后观察内部品质，在一般的生产场不用此法。种蛋质量与孵化率间关系见表4-1。

表 4-1 种蛋质量与孵化率间关系

蛋的类别	合格蛋	薄蛋	畸形	破损	气室不正	过大蛋	过小蛋	有大血斑
孵化率（%）	87.2	47.3	48.9	53.2	32.4	70.8	80	71.5

注：孵化率为受精蛋孵化率。

种蛋选择可分两步进行，在拣蛋时根据外观性状把不合格的蛋拣出另放，在码盘消毒时可进行第二次选择。

二、种蛋的保存

种蛋必须保存在专用的蛋库内。无论是种禽场或是孵化厂都必须设置专门的蛋库。

（一）种蛋贮存室（蛋库）

蛋库的基本要求是能够保证室内适宜的环境条件和良好的卫生状况；应有良好的隔热性，有条件者要使用空调器；室内要清洁，无杂物；要求密闭性好，能防尘沙，防蚊蝇、麻雀和老鼠进入；空气流通，能防阳光直晒和间隙风（图 4-7）。

贮存室一般分为两部分：一部分作为种蛋分拣、统计、装箱与上架等用，另一部分则专供贮存种蛋。小型孵化场、养殖户可因地制宜采用地窖、半地下室或独立小房间，蛋库贮量按本场种禽群产蛋率 75%计，容 7~10 天的产蛋量。

（二）保存期间的翻蛋

种蛋保存期间翻蛋的目的是防止蛋黄与壳膜粘连而引起的胚胎死亡。一般认为保存一周可以不翻蛋，种蛋保存超过两周时，

图 4-7　蛋库

每天翻蛋能明显提高孵化率。翻蛋可将箱底部一侧垫起 40 度以上，下次改为另一侧，也可以制作活动撬板架，保存期翻蛋对种蛋孵化率的影响见表 4-2。

表 4-2　保存期翻蛋对种蛋孵化率的影响

翻蛋处理 \ 孵化率（%） \ 保存期	14 天	21 天	28 天
每天翻蛋	72.35	60.75	41.90
不翻蛋	72.65	50.70	31.25

（三）种蛋保存的环境

生产中，保存种蛋时把温度控制在 10~18℃，保存时间不超过一周时温度控制在 14~18℃。夏天刚收集的种蛋缓慢地降温到保存标准。蛋库中适宜的相对湿度为 70%~80%。过低则蛋内水分散失太多；过高易引起霉菌滋生、种蛋回潮。存放室的空气要新鲜，不应含有毒或有刺激性气味的气体，如硫化氢、一氧化碳、消毒药物气体。光线不能直接照射到种蛋，防止局部温度上升导致种蛋发育或种蛋胚胎发育死亡。另外注意避免出现老鼠、猫、狗等动物造成意外的损失。

（四）保存期限

随着鹅蛋保存时间的延长，种蛋的孵化率会逐渐降低，在孵化的早期和中期胚胎死亡越多，弱雏也越多，同时，孵化期也会相应延长。

在生产中，种蛋保存时间以 7 天内为宜，最好不要超过 2 周。夏季种蛋保存时间不宜超过 5 天（图 4-8）。

图 4-8　贮存的种蛋

表 4-3　种蛋保存期与孵化率及孵化期关系

保存天数（天）	1	4	7	10	13	16	19	22
受精蛋孵化率（%）	88	87	79	68	56	44	30	26
孵化期延长（小时）	0	0.7	1.8	3.2	4.6	6.3	8	9.7

注：孵化期延长是指比正常多需的小时数，春、秋、冬季可以适当保存时间长些，夏季保存时间应短些。

三、种蛋的包装运输

（一）种蛋的包装要求

鹅蛋常使用竹篓或其他代用品包装，要求外形牢固、不易变形，篓底铺垫料，再将种蛋平摆一层，蛋之间尽量靠紧，每铺一层垫料放一层种蛋，当离篓沿 3~4 厘米时用垫料填满加盖捆扎（图 4–9）。

图 4–9　种蛋运输筐

包装用具及垫料要干燥、清洁、卫生，防止种蛋受污染。种蛋包装后还应注意标明一些必要的项目：品种、品系、产蛋日期、防压、防震、防热、防冻等。

（二）种蛋的运输

种蛋的运输要求是快速、平稳。尽量缩短路途时间和减轻蛋的振动。运输工具最好是飞机、火车、船，其次为汽车等（图 4–10）。运输途中应该注意以下事项：

1. 防日晒雨淋　日晒会使局部蛋温升高，影响发育和出雏整齐性；雨淋则会破坏壳胶膜，引起细菌侵入或霉菌繁殖，淋湿的垫料也会污染种蛋。因此，若用敞车运输时应携带防雨篷布。

2. 防热防寒　气温低时要带有挡风、保暖用品，如温度不

图 4-10　种蛋运输车

稳定，胚胎容易死亡。运输时间可以考虑冬天在中午前后，夏天在傍晚、早晨运输。如果使用保温车运输则车内温度要保持适宜且稳定。

3. 防振荡挤压　装卸时应轻放，路面不平时降低车速，同时在车厢上放一层垫料也可以减轻颠簸。另外，行驶中刹车要慢，防止因惯性造成蛋箱互挤损坏。

种蛋运达目的地后应尽快开箱检查，拣出破损蛋，若发现被破损蛋液污染的种蛋应立即用净布擦干，消毒后入孵，不能再存放（图 4-11）。

四、种蛋的消毒

（一）消毒目的

消毒的目的是杀灭蛋壳表面的微生物。刚产出的蛋表面即有微生物附着，病原很快地繁殖，地面散养家禽的种蛋污染程度更大，微生物繁殖速度也更快。禽蛋存放时间与蛋壳上细菌数量的关系见表 4-4，蛋壳清洁度与表面细菌数量的关系见表 4-5。

图 4-11　种蛋检查

表 4-4　禽蛋存放时间与蛋壳上细菌数量的关系

蛋产出时间	刚产出	产后 15 分钟	产后 1 小时
细菌数（千个）	0.1~0.3	0.5~0.6	4~5

表 4-5　蛋壳清洁度与表面细菌数量的关系

蛋壳清洁度	清洁	污染	肮脏
细菌数量（千个）	3~3.4	25.7~28.1	290~430

蛋壳表面的微生物容易被杀灭。但随着时间延长，微生物侵入壳内后则难以杀灭，导致蛋的变质；某些病如白痢、支原体病等都是因为种蛋污染而引起雏禽发病。由此可见，种蛋收集后应及时消毒。图 4-12 所示为种蛋消毒室。

（二）消毒次数和时间

种蛋从产出到孵化至少应该进行两次消毒：第一次在种蛋收集后马上消毒，消毒后运送到蛋库（如果是长途运输的种蛋，应该在入库之前再进行一次消毒，避免运输途中感染病原菌或被细菌污染）；第二次在入孵前后进行。

图 4-12　种蛋消毒室

（三）消毒方法

1. 福尔马林和高锰酸钾熏蒸消毒　按消毒室空间每立方米用 40%的福尔马林 30 毫升，高锰酸钾 15 克；采用的消毒容器应是陶瓷或搪瓷容器，容量要大于药物用量的 3 倍；加药时应先将称好的高锰酸钾放入容器中，然后倒入甲醛溶液。密闭熏蒸 15~20 分钟，然后打开门窗，并用排气扇将室内药味抽出，将消毒容器取出放到室外。注意：消毒时要严密封闭门、窗和通气孔，消毒环境保持相对湿度 75%、温度为 25~30℃时效果良好。图4-13 为福尔马林和高锰酸钾。

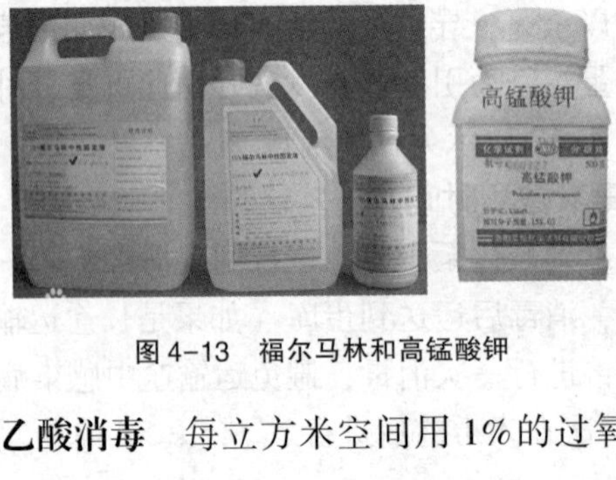

图 4-13　福尔马林和高锰酸钾

2. 过氧乙酸消毒　每立方米空间用 1%的过氧乙酸 50 毫升

置于搪瓷器皿中加热，密闭熏蒸消毒 15～25 分钟，当烟雾冒尽后进行通风排气。环境温度应在 20～30℃，相对湿度为 70%～90%。图 4-14 为过氧乙酸消毒剂。

3. 浸泡或喷淋消毒　将种蛋浸在消毒药水中或将消毒药水喷洒在蛋的表面。

（1）高锰酸钾溶液浸泡：药物浓度 0.03%～0.05%，溶液温度 40℃，浸泡时间 1～3 分钟。

（2）新洁尔灭溶液浸泡：药物浓度 0.1%，溶液温度 40℃，喷洒于蛋的表面或浸泡 3 分钟。

（3）二氧化氯消毒法：用 80×10^{-6}PPM 的二氧化氯温水溶液喷洒种蛋。此种消毒方法使用较多。

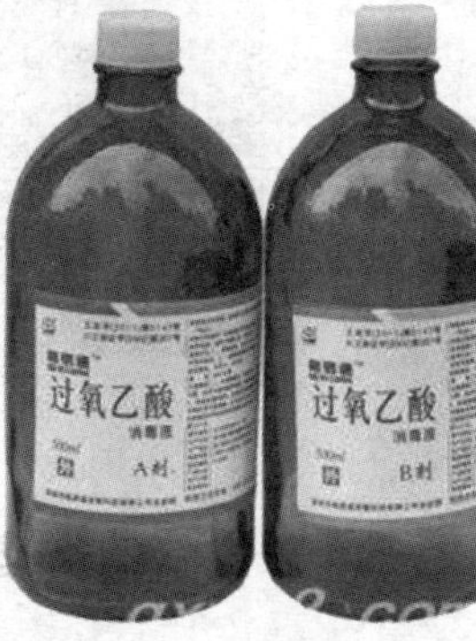

图 4-14　过氧乙酸消毒剂

4. 其他消毒方法

（1）紫外线消毒法：将种蛋放于紫外线灯下 40 厘米处，开灯照射 1 分钟，再从背面照射 1 分钟（图 4-15）。

（2）种蛋深度消毒：将种蛋温度缓缓升到 40℃，然后浸入含有抗生素的溶液中（温度为 20℃左右）2 分钟，由于蛋内容物的收缩药物会浸入蛋内，从而杀灭蛋内细菌。

第二节　种蛋孵化

我国大中型种禽场、孵化场基本上都是用机器孵化法进行种蛋孵化。机器孵化法由于控温、控湿精确，自动化程度高，孵化量大，劳动效率高，在我国普及推广很快，有关孵化设备的结构和规格可以参考有关产品说明。

图 4–15　紫外线照射消毒

一、孵化前的准备

（一）孵化计划的制订

根据孵化和出雏机容量、种蛋来源、雏禽销售合同等具体情况制订孵化计划。如孵化出雏机容量大，种蛋来源有保证，雏禽销售合同集中而量大，可采用整批入孵的变温孵化法；反之，设备容量小，分批供应种蛋，雏禽销售合同比较分散，可采用分批上蛋的变温孵化法。在制订孵化计划时，尽量把费时的工作（上蛋、照蛋、落盘、出雏）错开安排，不要集中在一起进行。孵化月度进程表见表 4–6。

表 4–6　孵化月度进程表

年　　月　　　　　　　　值班员：

日期	入孵批次	第一次照蛋	第二次照蛋	落盘	出雏	备注
1						
2	第一批	7~8 号	12~13 号	20~21 号	22~23 号	
3						
4						

续表

日期	入孵批次	第一次照蛋	第二照蛋	落盘	出雏	备注
5	第二批	…	…	…	…	
6						
7						
8	第三批	…	…	…	…	
9						
10						
…	…	…	…	…	…	

（二）操作人员培训

现代孵化设备的自动化程度很高，有关技术参数设定后就可以自动控制。但是，孵化过程中各种问题都可能出现，要求孵化人员不仅能够熟练掌握码盘、入孵、照蛋、落盘等具体操作技术，还要了解不同孵化时期胚胎发育特征和孵化条件的调整技术。此外，对于孵化设备、电器设施使用过程中常见的问题也能够合理处理。孵化日程温度、湿度记录表见表 4-7。

表 4-7　孵化日程温度、湿度记录表格

年　　月　　日

值班员	时间	室内		1 号机		2 号机		备注
		温度	相对湿度	温度	相对湿度	温度	相对湿度	
	0:00							
	2:00							
	4:00							
	6:00							
	…							
	16:00							

续表

值班员	时间	室内		1号机		2号机		备注
		温度	相对湿度	温度	相对湿度	温度	相对湿度	
	18:00							
	20:00							
	22:00							

（三）孵化室的准备

孵化前对孵化室要做好准备工作。孵化室内必须保持良好的通风和适宜的温度。一般孵化室的温度为20~26℃，相对湿度为55%~60%。为保持这样的温、湿度，孵化室应严密，保温良好，最好建成密闭式的。如为开放式的孵化室，窗子也要小而高一些，孵化室天棚距地面4米以上，以便保持室内有足够的新鲜空气。孵化室应有专用的通风孔或风机。图4-16所示为孵化室内部，图4-17所示为供暖设施。

图4-16 孵化室内部

图4-17 供暖设施

现代孵化厂一般都有两套通风系统，孵化机排出的空气经过上方的排气管道，直接排出室外，孵化室另有正压通风系统，将室外的新鲜空气引入室内，如此可防止从孵化机排出的污浊空气再循环进入孵化机内，保持孵化机和孵化室的空气清洁、新鲜。

（四）孵化器的检修

孵化人员应熟悉和掌握孵化机的各种性能。种蛋入孵前，要全面检查孵化机各部分配件是否完整无缺，通风运行时，整机是否平稳。孵化机内的供温、鼓风部件及各种指示灯是否都正常；各部位螺钉是否松动，有无异常声响；特别是检查控温系统和报警系统是否灵敏。待孵化机运转 1~2 天，未发现异常情况，方可入孵（图 4-18）。

图 4-18　孵化器检修

（五）孵化温度表的校验

所有的温度表在入孵前要进行校验，其方法是：将孵化温度表与标准温度表水银球一起放到 38℃左右的温水中，观察它们之间的温差。温差太大的孵化温度表不能使用，没有标准温度表时可用体温表代替。图 4-19 所示为孵化器调试。

图 4-19　孵化器调试

（六）孵化机内温差的测试

因机内各处温差的大小直接影响孵化成绩的好坏，在使用前一定要弄清该机内各个不同部位的温差情况。方法是在机内的蛋架上装满空的蛋盘，用校对过的体温表固定在机内的上、中、下，左、中、右，前、中、后部位。然后将蛋架翻向一边，通电使鼓风机正常运转，机内温度控制在 37.8℃左右，恒温半小时后，取出温度表，记录各点的温度，再将蛋架翻转至另一边去，如此反复各 2 次，就能基本弄清孵化机内的温差及其与翻蛋状态间的关系。

（七）孵化室、孵化器、摊床的消毒

为了保证雏禽不受疾病感染，孵化室的地面、墙壁、天棚均应彻底消毒。孵化室墙壁的建造，要能经得起高压冲洗消毒。每批孵化前机内必须清洗，并用福尔马林熏蒸，也可用药液喷雾消毒。孵化器密闭熏蒸消毒见图 4-20。

图 4-20　孵化器密闭熏蒸消毒

（八）入孵前种蛋预热

种蛋预热能使静止的胚胎有一个缓慢的“苏醒适应”过程，这样可减少突然高温造成死精偏多，并减缓入孵初的孵化器温度下降，防止蛋表凝水，利于提高孵化率。预热方法是在 22~25℃的环境中放置 12~18 小时或在 30℃环境中预热 6~8 小时（图 4-

21）。

图 4-21 种蛋预热

（九）种蛋消毒

种蛋入孵前后 12 小时内应熏蒸消毒 1 次，方法同前。

（十）码盘与入孵

码盘是将种蛋斜放或平放在孵化盘上，同时挑出破蛋（图 4-22）。

图 4-22 种蛋码盘

整批孵化时，将装有种蛋的孵化盘插入孵化蛋架车，推入孵化器内。分批入孵，装新蛋与老蛋的孵化盘应交错放置，注意保持孵化架重量平衡。为防不同批次种蛋混淆，应在孵化盘上贴上标签（图 4-23）。

图 4-23　种蛋入孵

入孵时间最好是在下午 4 时以后，这样大批出雏可以赶上白天，工作比较方便。种蛋入孵后，正常的孵化条件下，胚胎很快苏醒，各种组织器官在不同孵化期依次发育（图 4-24）。

图 4-24　摊床孵化入孵

（十一）不同孵化日龄鹅的胚胎发育

1. 孵化 1~2 天　胚盘发育，出现消化道，形成脑、脊索和神经管等。在胚盘边缘出现许多红点。

2. 孵化3~3.5天 卵黄囊、羊膜、绒毛膜开始形成。心脏和静脉形成。心脏的雏形开始跳动。

3. 孵化4.5~5天 尿囊开始长出，鼻、翅膀、腿开始形成，羊膜完全包围胚胎。眼的色素开始沉着。

4. 孵化5.5~6天 羊膜腔形成，胚与卵黄囊完全分离，并在蛋的左侧翻转。胚头部明显增大。

5. 孵化7天 生殖腺已经分化，胚胎极度弯曲，眼的黑色素大量沉着。

6. 孵化8~8.5天 喙开始形成，腿和翅膀大致分化。尿囊扩展达蛋壳膜内表面，羊膜平滑肌收缩使胚胎有规律的运动，胚胎的躯干部增大。

7. 孵化9~9.5天 出现卵齿，肌胃形成，绒毛开始形成，胚胎自身有体温。胚胎已显示鸟类特征。

8. 孵化10~10.5天 肋骨、肝、肺、胃明显可见，母雏的右侧卵巢开始退化。嘴部开始可以张开。

9. 孵化11.5~12天 喙开始角质化，软骨开始骨化。尿囊几乎包围整个胚蛋。

10. 孵化15~16天 龙骨突形成，背部出现绒毛，腺胃明显可辨，血管加粗、色深。

11. 孵化17天 躯体覆盖绒毛，趾完全形成，肾、肠开始有功能，胚胎开始用嘴吞食蛋白。

12. 孵化18天 头部及躯体大部分覆盖绒毛，出现足鞘和爪，蛋白迅速进入羊膜腔。

13. 孵化18~22天 胚胎从横的位置逐渐转成与蛋长轴平行，头转向气室。翅膀成形，体内器官大体上都已形成。绝大部分蛋白已进入羊膜腔。卵黄逐渐成为重要的营养来源。

14. 孵化23~24天 两腿紧抱头部，喙转向气室，蛋白全部输入羊膜腔。

15. 孵化 25～26 天 胚胎成长接近完成。头弯右翼下，胚胎转身，喙朝气室。

16. 孵化 27.5～28 天 卵黄囊经由脐带进入腹腔。喙进入气室，开始呼吸，胚胎呈抱蛋姿势，开始啄壳。颈、翅突入气室。

17. 孵化 28.5～30 天 剩余的蛋黄与卵黄囊完全进入腹腔。尿膜失去作用，开始枯干。起初是胚胎喙部穿破壳膜，伸入气室内，接着开始啄壳。

18. 孵化 30.5～31 天 出壳。

二、种蛋孵化与日常管理

（一）温度的控制与调节

孵化机的温度调节旋钮在种蛋入孵前已经调好定温，在采用恒温孵化的时候，如果没有什么异常情况出现不要轻易扭动。种蛋孵化过程中孵化器内温度控制的最佳标准为 37.8℃，出雏器内温度应保持为 37.3℃。鹅恒温孵化温度见表 4-8。

表 4-8　鹅恒温孵化温度

禽种	胚龄	孵化器温度	胚龄	出雏器温度
鹅	1～27 天	37.6℃	27～31 天	36.8℃

在采用变温孵化的情况下，适宜的温度范围是 37.0～39.5℃，要由专业技术人员在规定时间调整，温度控制原则：前高、中平、后低，有经验的孵化者会应用“看胎施温”。鹅变温孵化温度见表 4-9。

表 4-9　鹅变温孵化温度

胚龄	1～2 天	3～14 天	15～25 天	25～27 天	27 天后
温度	39℃	38℃	37.5℃	37.2℃	36.5℃

一般要求每隔 1~2 小时检查箱温一遍并记录一次温度。判断孵化温度适宜与否，除观察门表温度外，还应结合照蛋，观察胚胎发育状况。

（二）湿度控制

孵化器湿度的提供有两种方式，一种是非自动调湿的，靠孵化器底部水盘内水分的蒸发。对这种供湿方式，要每日向水盘内加水。另一种是自动调湿的，靠加湿器提供湿度，这要注意水质，水应经过滤或软化后使用，以免堵塞喷头。湿球温度计的纱布在水中易因钙盐作用而变硬或者沾染灰尘或绒毛，影响水分蒸发，应经常清洗或更换。图 4-25 所示为孵化器控制仪表盘。

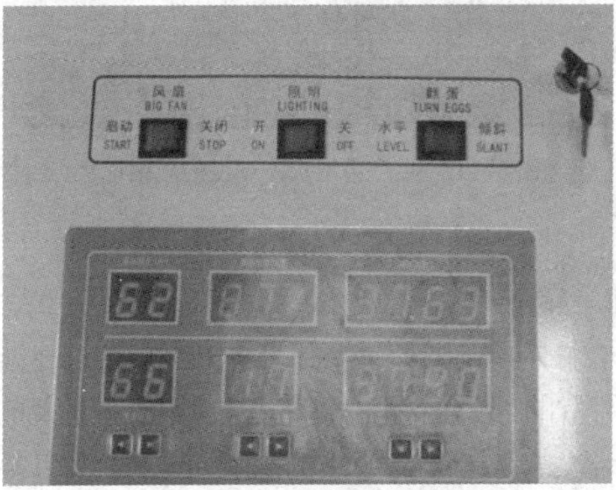

图 4-25　孵化器控制仪表盘

家禽胚胎的发育对环境中相对湿度适应范围比较宽，只要温度适宜，40%~70%范围内的相对湿度都不会对家禽胚胎的发育有明显的影响。生产中温度、湿度的观察记录见图 4-26。

鹅蛋孵化一般要求湿度偏高，在孵化到中后期时要注意及时在蛋的表面洒水，一方面可以帮助蛋内部的热量向外散发，另一方面还可以保持较高的湿度。洒水可在晾蛋的同时进行，水温以

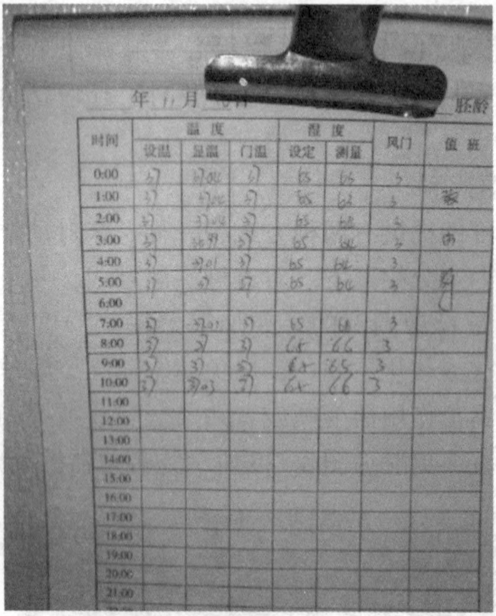

图 4-26　生产中温度、湿度的观察记录

35℃左右为宜。

（三）翻蛋要求

孵化过程中必须定时翻蛋。根据不同机器的性能和翻蛋角度的大小决定翻蛋的间隔时间。温差小、翻蛋角度大的孵化机可每 2 小时翻蛋 1 次；反之，应每小时翻蛋 1 次。手工翻蛋的，动作要轻、平稳，每次翻蛋时要留意观察蛋架是否平稳。发现异常的声响和蛋架抖动都要立即停止翻蛋，待查明原因，故障排除后再行翻蛋。图 4-27 所示为机器孵化翻蛋次数统计。

自动化高的孵化机，翻蛋有两种方式，一种是全自动翻蛋，每隔 1~2 小时自动翻蛋 1 次；另一种是半自动翻蛋，需要按动左、右翻蛋按钮键完成翻蛋全过程。在生产实践中，为了结合观察记录孵化温度，及时了解孵化器是否运转正常，往往采用定时

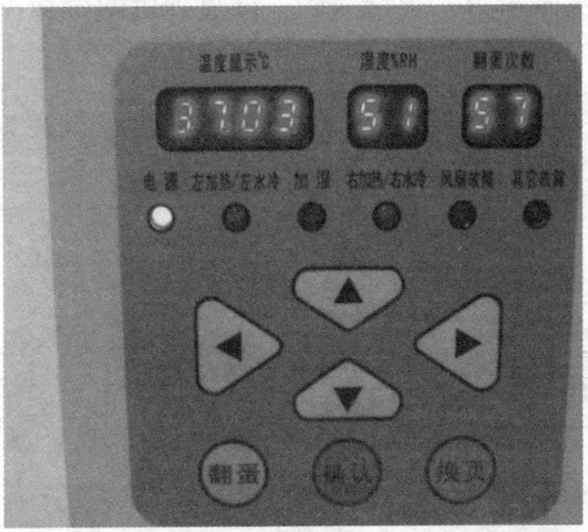

图 4–27　机器孵化翻蛋次数统计（右侧）

半自动翻蛋。

（四）通风技术

整批入孵的前 3 天（尤其是冬季），进出气口可不打开，随着胚龄的增加，逐渐打开进出气孔，出雏期间进出气孔全部打开。分批孵化，进出气孔可打开 1/3～2/3。鹅蛋在孵化中后期，脂肪代谢强，所以应特别重视通风换气。

（五）照蛋操作

照蛋之前应先提高孵化室温度（气温较低的季节），使室温达到 30℃左右，以免照蛋过程中胚胎受凉。照蛋要稳、准、快，从蛋架车取下和放上蛋盘时动作要慢、轻，放上的蛋盘一定要卡牢，防止翻蛋时蛋盘脱落。照蛋方法：将蛋架放平稳，抽取蛋盘摆放在照蛋台上，迅速而准确地用照蛋器按顺序进行照检，并将无精蛋、死胚蛋、破蛋捡出，空位用好胚蛋填补或拼盘。抽、放蛋盘时，有意识地上下左右对调蛋盘，因为任何孵化机，上下左右存在温差是难免的。整批蛋照完后对被照出的蛋进行一次复查，防止误判。同时检查是否有遗漏该照的蛋盘。最后记录无精蛋、死精蛋及破蛋数，登记入表，计算种蛋的受精率和头照的死胚率（图 4-28）。

图 4-28　照蛋

另外，有一种照蛋设备称为照蛋箱，当蛋盘放在箱口时压迫微型开关，箱内灯泡打开，而蛋的锐端与箱口的带孔板相对应，光线不外泄。照蛋者能够看清全盘蛋的情况，效率很高，破蛋也少。

（六）晾蛋

晾蛋也称为凉蛋，在孵化的中后期必须晾蛋，通常都是在 12 天以后进行（图 4-29）。

图 4-29　孵化期晾蛋

观察孵化器红灯（加热）、绿灯（断电停止加热）发亮的时间长短以及门表温度显示。若绿灯长时间发亮，门表显示温度超出孵化温度，说明胚蛋出现超温现象，应及时打开机门，或把蛋架车从机内拉出晾蛋。在 10~20 天胚龄，每天早晚停开风扇，打开机门 1 次，当温度降到

35℃，再关闭机门重新启动电源。室温低于19℃时，不必晾蛋。19~20天开始同时进行晾蛋与喷水，一般每天晾蛋及喷水各4次，喷水方法：抽出蛋盘，稍晾一会儿，在蛋面上喷洒37℃的温水。

（七）落盘

鹅胚发育至26~27天，把胚蛋从孵化器的孵化盘移到出雏器的出雏盘的过程叫落盘（或移盘）。具体落盘时间应根据二照的结果来确定，当蛋中有1%开始出现“打嘴”，即可落盘。图4-30所示为机器孵化落盘后的种蛋。

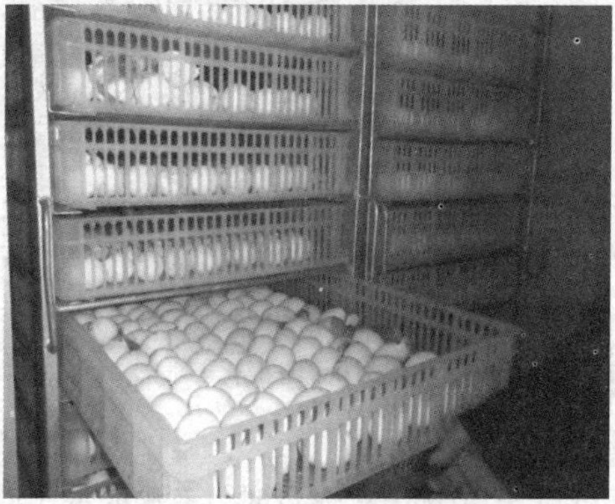

图4-30　机器孵化落盘后的种蛋

落盘前应提高室温，动作要轻、快、稳。落盘后最上层的出雏盘要加盖网罩，以防雏禽出壳后窜出。对于分批孵化的种蛋，落盘时不要混淆不同批次的种蛋。

落盘前，要调好出雏器的温、湿度及进、排气孔。出雏器的环境要求是高湿、低温、通风好、黑暗、安静。

目前我国孵化家禽蛋采用机、摊结合孵化的很多。一般二照前机孵，二照后（鹅16天）上摊，把种蛋先平放于上层摊床，放两层（因为上层温度高，胚胎此时自温较低又需高温），在

10～12 小时温度上升到 37～38℃时再平放一层（由两层变为一层），靠摊床上棉被层数、厚薄调温，每天倒蛋 3 次（每 8 小时 1 次），中间蛋与边缘蛋对倒，到出雏前 1～2 天，只将边蛋调到中心位置，不进行倒蛋。倒蛋的同时晾蛋，出雏前 5 天左右由上摊移至下摊（此时种蛋自温已较高，发育不需高温，同时在下摊也便于出雏时操作）。摊孵温度全凭工作经验、胚龄、气候（摊房温度要求 28～32℃）适当调整。图 4-31 所示为摊床孵化出雏。

图 4-31　摊床孵化出雏

（八）出雏与记录

胚胎发育正常的情况下，落盘时就有破壳的，鹅蛋孵化的第 29 天就陆续开始出雏，一般鹅 30 天就大量出壳（图 4-32）。

拣雏有集中拣雏和分次拣雏两种方式。集中拣雏是在雏鹅出壳达 80%左右时进行拣雏，把没有出壳的胚蛋集中到若干个出雏盘内继续孵化，大批量孵化主要采用此法；分次拣雏则是从有雏禽出壳开始，每 4～6 小时拣雏 1 次。拣雏时要轻、快，尽量避免碰破胚蛋。为缩短出雏时间，可将绒毛已干、脐部收缩良好的雏禽迅速拣出，再将空蛋壳拣出，以防蛋壳套在其他胚蛋上引发雏禽闷死。对于脐部突出呈鲜红光亮、绒毛未干的雏禽应暂时留在出雏盘内待下次再拣。到出雏后期，应将已破壳的胚蛋并盘，

图 4-32 出雏

并放在出雏器上部，以促使弱胚尽快出雏。在拣雏时，对于前后开门的出雏器，不要同时打开前后机门，以免出雏器内的温、湿度下降过大而影响出雏。

（九）助产

在出雏后期，可把啄壳口已经扩大、内壳膜已枯黄或外露，绒毛已干燥，尿囊血管萎缩、雏禽在壳内无力挣扎的胚蛋，轻轻剥开啄壳口周围的蛋壳，分开粘连的壳膜，把头轻轻拉出壳外，令其自己挣扎破壳。若发现壳膜发白或有红的血管，应立即停止人工助产。助产出壳见图 4-33。

图 4-33 助产出壳

每次孵化应将入孵日期、品种、种蛋数量与来源、照蛋情况记录在表（表 4–10）中，出雏后，统计出雏数、健雏数、死胎蛋数，并计算种蛋的孵化率、健雏率。及时总结孵化的经验教训。

表 4–10　孵化情况一览表

批次机号	
入孵日期	
种蛋来源	
品种	
入孵数量	
种蛋受精率（%）	
受精蛋孵化率（%）	
入孵蛋孵化率（%）	
健雏率（%）	
备注	

（十）清扫消毒

出完雏后，抽出出雏盘、水盘，捡出蛋壳，彻底打扫出雏器内的绒毛污物和碎蛋壳，再用蘸有消毒水的抹布或拖把对出雏器底板、四壁清洗消毒。出雏盘和水盘要洗净、消毒、晒干，干湿球温度计的湿球纱布及湿度计的水槽要彻底清洗，纱布最好更换。全部打扫、清洗彻底后，再把出雏用具全部放入出雏器内，熏蒸消毒备用（图 4–34）。

（十一）停电时的措施

孵化厂最好自备发电机，遇到停电立即发电。并与电业部门保持联系，以便及时得到通知，做好停电前的准备工作。没有条件安装发电机的孵化厂，遇到停电的有效办法是提高孵化、出雏

图 4-34　孵化盘和出雏盘清洗消毒

室的温度。原则是胚蛋处于孵化前期以保温为主，后期以散热为主。若停电时间较长，将室温尽可能升到 33℃以上，敞开机门，半小时翻蛋 1 次。若停电时间不超过 1 天，将室温升到 27～30℃，胚龄在 11～13 天前的不必打开机门，只要每小时翻蛋 1 次，每半小时手摇风扇轮 15～20 分钟。胚龄处于孵化中后期或在出雏期间，要防止胚胎自温过高，热量扩散不掉而烧死胚胎，所以要打开机门，上下蛋盘对调或拉出蛋架车甚至向胚蛋喷洒温水。若停电时间不长，冬季只需提升室温，若是夏季不必生火。

第三节　初生雏鹅的分级检疫及运输

一、初生雏的分级

出壳后经过休息和雌雄鉴别的雏禽即可转入育雏室或装箱待运。在转雏或装箱的同时对雏禽进行分级，保证良好的育雏成绩。雏禽分级应先将畸形的、绒毛颜色不符合品种要求的雏禽挑出，然后再从精神状态、体重、大小、体质等方面进行选择。图 4-35 所示为刚出壳的雏鹅。

健壮的雏鹅应该是：在正常的时间范围内出壳，体重符合品种标准，大小均匀；腹部大小适中、柔软，卵黄吸收良好，脐部

图 4-35　刚出壳的雏鹅

愈合干燥，无毛区小且被周围绒毛覆盖；肛门周围干净；绒毛松软，洁净而有光泽，长短适中；从精神状态上看雏禽表现活泼，眼大有神，反应灵敏，鸣声响亮，抓在手中感触饱满，挣扎有力。

弱雏常见于出壳过早或过晚，体重过大或过小，软弱无力；脐部红肿或出血、带有黏液，有的尚有外露卵黄囊，无毛区大；肛门周围黏有白色粪便；绒毛稀短或卷曲，常闭目离群独栖（图 4-36）。

二、初生雏的检疫

目前已发现有许多种疾病可以由种禽通过感染种蛋而传染给雏鹅。因此，雏鹅（特别是作为种用的雏禽）应加强检疫、防治，减少损失。

检疫的病害有白痢、慢性呼吸道病等病。孵化场对出壳后的雏禽要对这两种疾病进行检查，对出现阳性反应的雏禽及早采取措施（治疗、淘汰或不作种禽用），同时也可进一步了解种禽群中这两种疾病的情况。

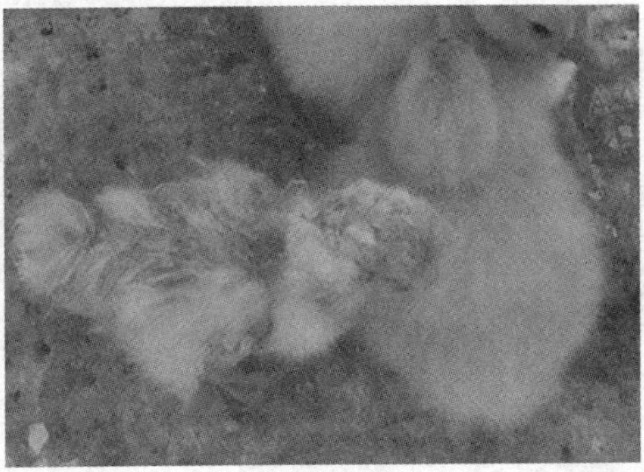

图 4-36 弱雏

三、初生雏的运输

初生雏的运输也是当前养禽生产中常有的工作之一，运输中是否安全关系到育雏的成败，若有疏忽往往会造成雏禽的大量死亡。

（一）运输用具

雏鹅运输有专用的运输器械。运输箱内分隔为四部分，可以防止挤压；若无运输箱也可用纸箱（周围要带孔）、木筐（类似出雏盘）等代替，飞机、汽车、船等都是良好的运输工具，使用卡车时应备帆布篷。图 4-37 所示为运输筐。

（二）运输时间

雏鹅出壳经过鉴别、分级防疫后应立即运输，最好能在 24 小时内运抵饲养场，路途时间最多不要超过 36 小时，以便及时开食、饮水。雏禽开食、饮水时间不宜太长，以避免造成不应有的损失。图 4-38 所示为等待运输的雏鹅。

（三）运输要求

运输过程中最适温度为 30℃左右，过热时出汗受闷，过冷时受冻都会影响雏禽生活力，因此，热天易在傍晚或早晨运输，

图 4-37　运输筐

图 4-38　等待运输的雏鹅

冬天宜在中午前后运输，运输要带有防雨、防暑、防寒用具；注意通风换气，但要防止凉风直接吹向雏禽；路上行车要小心，尽可能减少颠簸；还应常检查雏禽状态。

第四节　雏禽的性别鉴定

目前，雏禽雌雄的鉴别方法有三种：伴性性状鉴别、雌雄鉴别器鉴别和根据肛门的生殖突起进行鉴别，以最后一种应用最广。养鹅生产中及时分别公、母雏可以提前淘汰不适于育肥及多余的公雏，减少浪费，提高母雏生长发育的一致性。

一、翻肛法

翻肛法主要是根据初生雏有无生殖突起及生殖突起的组织和形态差异进行雌雄鉴别的，习惯上称为翻肛鉴别法。

鉴别的基本顺序为：抓握雏、挤粪、翻肛、鉴别和放雏。

（一）抓握雏

左（或右）手抓住雏鹅后移向右（或左）手保定，保定方法：将雏鹅握于左手掌中，雏鹅背向手心，尾部朝上，头朝下轻夹于肛门右侧，用左手的中指和无名指夹住颈口使其腹部向上，然后用右手的拇指和食指放在泄殖腔两侧。熟练者可双手同时抓握。

（二）挤粪

用抓握雏鹅的手拇指轻压其腹部，与雏鹅的呼吸运动相协调，促使雏鹅排粪。

（三）翻肛

挤粪后将右（或左）侧，同时左（或右）手拇指及食指放于肛门下面和左（或右）侧，三个手指在肛门周围并成一个三角形，左手食指向上推，拇指由肛门下往上顶就可观察生殖突起的情况（图 4-39）。

（四）鉴别

肛门翻开后，根据螺旋形突起的有无进行判断。若在观察时有粪便排出，则用左手食指抹去再观察。如果在泄殖腔口见有螺旋形的突起（阴茎的雏形）即为公鹅；如果看不到螺旋形的突起，只有三角瓣形皱褶，即为母鹅。

（五）放雏

鉴别者面前有三只箱，中间放混合雏，两侧的一个放母雏，鉴别人员通常都有固定的习惯在哪侧放什么雏。

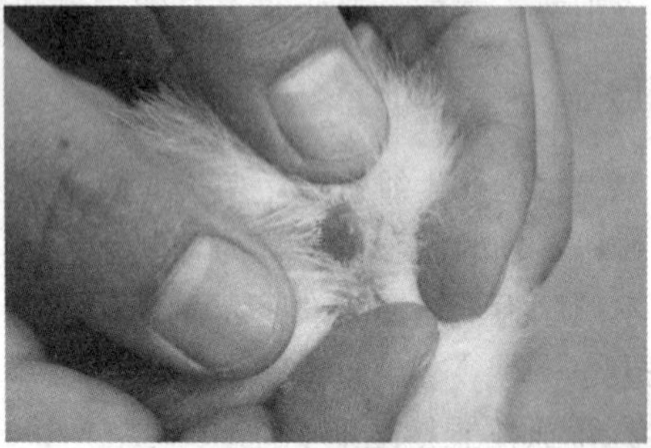

图 4-39　翻肛

雏鹅出壳后应在 24 小时内鉴别完。雏鹅的性别鉴定还有外貌选择法等，但是不易掌握，准确率低，所以一般不用。

二、捏肛法

以左手拇指和食指在雏鹅颈前分开，握住雏鹅（鹅苗）；右手拇指与食指轻轻将泄殖腔两侧捏住，上下或前后稍一揉搓，感到有一个似芝麻粒或油菜籽大小的小突起，尖端可以滑动，根端相对固定，即为公鹅的阴茎；否则为母鹅（图 4-40）。

三、顶肛法

左手握住雏鹅（鹅苗），以右手食指和无名指左右夹住雏鹅体侧，中指在其肛门外轻轻往上一顶，如感觉有小突起，即为公鹅。顶肛法比捏肛法难于掌握，但熟练以后速度较快。

图 4-40　捏肛鉴别雌雄

第五部分　鹅的营养需要与常用饲料

营养和饲料是养鹅业的基础，集约化养鹅，饲料成本可占到养殖成本的2/3，因此了解鹅的营养需要和常用饲料的特性，并根据鹅的生理特点和生活习性以及养鹅的生产目标进行日粮配合，在现代养鹅生产中具有重要的意义。为了获得较高的经济效益，养鹅必须注意各种营养物质的水平及彼此间的平衡，以满足机体各方面的需要。

第一节　鹅的营养需要

鹅的营养需要主要包括用以保障健康和生命活动的维持需要，以及用于产蛋、长肉、长毛、肥肝等生产产品的生产需要。维持需要和生产需要所需的主要营养物质有蛋白质、能量、矿物质、维生素和水等。在生产实践中我们要根据鹅的实际情况，制定科学合理的日粮配方，以提高生产水平，降低饲料成本，增加经济效益。表5-1所示为种鹅全价日粮配方营养水平。

表 5-1　种鹅全价日粮配方营养水平

营养成分	周龄			
	0~3	4~8	9~25	产蛋期
粗蛋白质（%）	20	17	14	15
粗脂肪（%）	5.0	4.5	4.0	4.0
粗纤维（%）	3.5	4.0	4.5	4.0
代谢能（兆焦/千克）	12.13	11.72	11.30	11.51
赖氨酸（%）	1.2	1.2	0.7	1.10
钙（%）	1.00	1.00	1.00	3.20
有效磷（%）	0.45	0.45	0.45	0.45

图 5-1 所示为营养良好的健康鹅群。

图 5-1　营养良好的健康鹅群

一、能量的需要

鹅的呼吸、循环、消化、吸收、排泄、体温控制、运动、生长发育和生产产品都需要能量，能量是鹅一切生理活动的物质基础。

碳水化合物和脂肪是维持鹅生命和生产产品所需要的主要能量来源，部分来源于体内的蛋白质分解所产生的能量。玉米为常见的能量饲料原料（图 5-2）。

需要注意的是，能量饲料过多，会在种鹅体内沉积过多脂肪，不但是一种浪费，而且还影响产蛋。如作为烤鹅或肥肝鹅生产，则应配置能量饲料为主的填饲日粮。

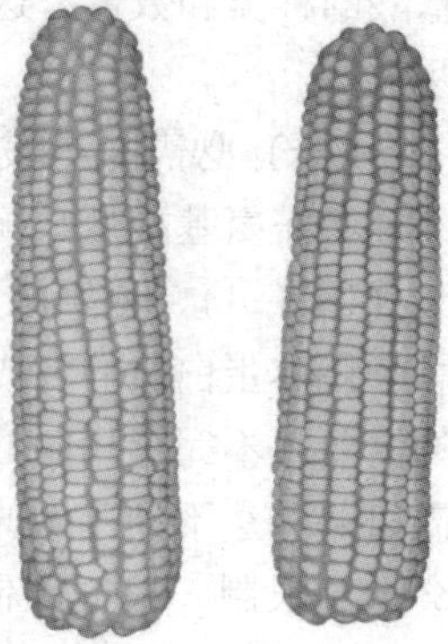

图 5-2　常见的能量饲料原料

二、蛋白质的需要

蛋白质是构成鹅体内神经、肌肉、皮肤、血液、结缔组织、内脏器官以及羽毛、爪、喙等的基本组成成分，也是形成鹅肉、蛋的主要组成成分（图 5-3）。

图 5-3　常见蛋白饲料原料（豆粕）

鹅采食的饲料蛋白质经胃液和肠液中蛋白酶的作用，最终分解为氨基酸被吸收利用，因此蛋白质的营养价值取决于它所含氨基酸的种类和数量，这些氨基酸分为必需氨基酸和非必需氨基酸两类。

（一）必需氨基酸

必需氨基酸是必须由饲料中取得的氨基酸，有赖氨酸、蛋氨酸（图 5-4）、色氨酸等 13 种。任何一种必需氨基酸的缺乏都会影响鹅体蛋白质的合成，导致鹅生长发育不良。鹅对各种氨基酸的需要是不完全相同的，而且要有一定的比例，当某种或某些必需氨基酸达不到比例的要求量时，其他含量高的氨基酸的利用也会受到限制。根据限制的程度又可分为第一限制性氨基酸，第二、第三限制性氨基酸。

图 5-4　蛋氨酸样品

（二）非必需氨基酸

非必需氨基酸是指动物体内可以合成或需要较少，不必从饲料中取得的氨基酸。非必需氨基酸的供给对于必需氨基酸的需要量有影响，当非必需氨基酸合成不足，就必须由必需氨基酸降解合成，从而增加必需氨基酸的需要量。

总之，在实际配合日粮时，必须考虑到各种氨基酸的含量，使其平衡利用，否则将造成浪费。

三、矿物质的需要

矿物质又称无机物或灰分，包括钙、磷及其他多种微量元素，是保证鹅体健康及雏鹅正常生长发育和种鹅产蛋所必需的营养物质，在动物体内超过总质量0.01%的元素称为常量元素，包括钙、磷、镁、钠、硫、钾和氯等7种元素。生物有机体中含量小于0.01%的化学元素称为微量元素，包括碘、锌、铁、硒、铜、钼、铬、钴等元素。

（一）鹅需要的常量元素

1. 钙和磷 钙和磷是鹅需要量最多的两种矿物质元素，占体内矿物质总量的65%~70%。雏鹅缺钙时易患软骨病，关节肿大，骨端粗大，腿骨弯曲或瘫痪，有时胸骨呈“S”形；种鹅缺钙，会造成蛋壳变薄，软壳和畸形蛋增多，产蛋率和孵化率下降。钙过多也会影响雏鹅生长和对锰、锌的吸收（图5-5）。

图5-5 营养缺乏导致瘫痪、骨端粗大

2. 氯、钠和钾 调节渗透压，促进食欲、帮助消化等。

3. 镁和硫 镁是鹅体内含量较高的矿物元素，主要存在于骨髓中（约占70%），其余存在于体液、软组织和蛋壳中。日粮中含硫氨基酸缺乏时，鹅表现为食欲减退，易掉毛，并常因体质虚弱而死亡。

（二）鹅需要的微量元素

1. 铁 鹅体内的铁60%~70%存在于血红素中，20%左右的铁和蛋白质结合成铁蛋白，贮存在肝、脾、骨髓等组织中。日粮中缺乏铁元素时，则鹅的食欲减退、羽毛生长不良，引起营养性贫血。日粮中铁元素过多时，则易引起营养障碍，鹅采食量减少，磷和铜的吸收率降低，并使维生素在肝中沉积下降，导致磷、铜和维生素 A 缺乏症，重者可使鹅出现佝偻病（图 5-6）。

图 5-6 鹅缺乏营养症状（腿无力或畸形）

2. 铜 雏鹅缺铜时，易发生贫血，生长缓慢，羽毛褪色，胃肠功能障碍，骨质疏松，跛行，骨脆易断等；成年鹅日粮中缺铜时，易出现食欲减退、异食癖、运动失调和神经症状等（图 5-7）。

图 5-7 运动失调的青年鹅

3. 钴　钴主要存在于肝、脾和肾脏中，是维生素 B_{12} 的重要原料。维生素 B_{12} 是血红蛋白和红细胞生成过程中所必需的物质，因此钴对骨髓的造血功能有着重要的作用。

4. 锌　锌在鹅体内的含量很少，但广泛分布于肌肉、内脏器官、羽毛和骨髓中。缺锌时幼鹅食欲减退，生长受阻，关节肿大，羽毛生长不良（图 5-8），有时发生啄羽、啄肛等怪癖，免疫力下降等；种鹅产软壳蛋，孵化中常出现胚胎畸形，甚至在胚胎发育过程或出壳后突然死亡。

图 5-8　羽毛发育不良的鹅

5. 碘　在鹅体内的碘 70%～80% 存在于甲状腺中。缺碘时甲状腺肿大，基础代谢率降低，幼鹅生长受阻，骨骼和羽毛生长不良；成年种鹅产蛋量下降，种蛋受精率和孵化率降低。

6. 锰　锰是鹅体内蛋白质、脂肪和糖类代谢酶类的组成成分，对鹅的生长、繁殖和骨骼的发育具有重要影响。日粮中缺锰时，幼鹅骨骼发育不良，生长受阻，体重下降，易导致“滑腱症”（骨粗短症），并引发神经症状、共济失调（图 5-9），出现与维生素 B_1 缺乏症类似的“观星姿势”（图 5-10）；成年母鹅产蛋率下降，公鹅睾丸发育受阻，曲细精管变细，精子减少，所产种蛋受精率和出雏率降低。

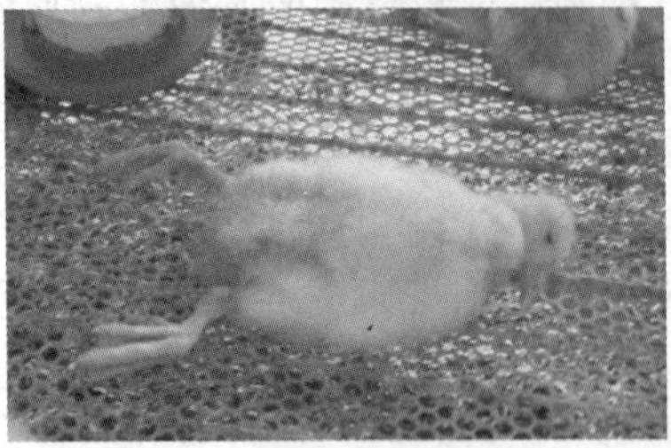

图 5-9　雏鹅运动失调症状

图 5-10　观星姿势

7. 硒　日粮中缺硒时，幼鹅常表现精神沉郁，食欲减退，生长迟缓，渗出性素质，肌肉营养不良或白肌症，胰脏变性，纤维化、坏死等；种母鹅产蛋率下降、种蛋受精率降低及早期胚胎死亡等。

8. 氟　鹅对氟的需要量很少，一般不易缺乏，往往容易出现采食未脱氟的磷石灰作为矿物质饲料而中毒，鹅氟中毒表现主要为精神沉郁，采食量下降；“腿软”、无力站立，喜伏于地面，行走困难；蛋壳质量下降。

四、维生素的需要

维生素是鹅的正常生理活动和生长、繁殖、生产以及维持健康所必需的营养物质，在体内起着调节和控制新陈代谢的作用。维生素分为脂溶性维生素和水溶性维生素两大类，鹅缺乏维生素时不能正常生长，并发生特异性病变（图 5-11）。

（一）脂溶性维生素

1. 维生素 A　维生素 A 具有合成视紫质，维持正常视觉的功能，还具有保护皮肤及黏膜的发育和再生的作用，增加对疾病的抵抗力，促进生长发育和性激素的形成，提高繁殖力，调节体

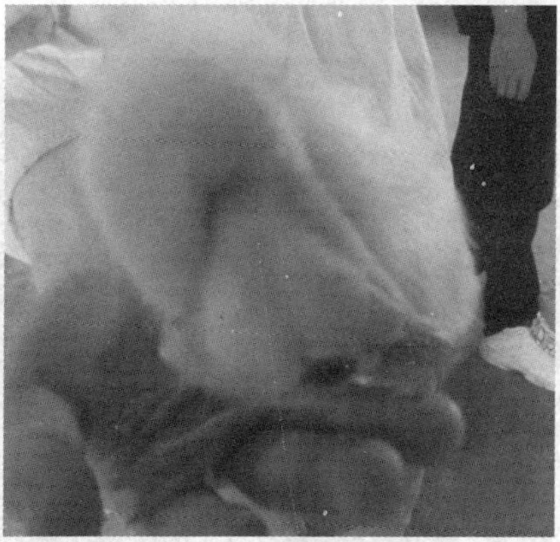

图 5-11　缺乏维生素的雏鹅

内代谢，维护骨骼的正常生长和修补。缺乏时雏鹅则出现步态不稳，眼炎或失明，眼、鼻出现干酪样物质（图 5-12）；母鹅产蛋量减少，孵化率下降，抗病力减弱，容易发生各种疾病。维生素 A 过量也可以引起中毒。

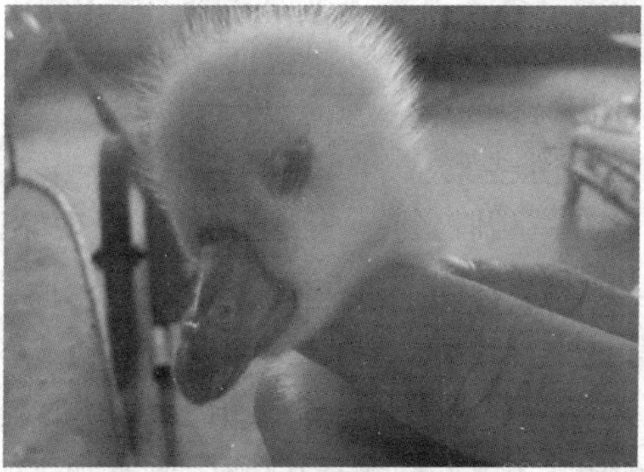

图 5-12　雏鹅眼睛发育不健全

2. 维生素 D　维生素 D 缺乏时，雏鹅出现腿畸形、佝偻病，生长迟缓；种鹅产蛋量下降，种蛋蛋壳变薄，孵化率下降等，图

5-13 所示为薄壳蛋。

图 5-13　薄壳蛋

3. 维生素 E　维生素 E 缺乏时，公鹅睾丸退化，种蛋受精率、孵化率下降；雏鹅肌肉营养不良，出现渗出性物质，免疫功能和抗应激能力下降，发生脑软化症。

4. 维生素 K　维生素 K 缺乏时，雏鹅皮下组织和胃肠道血液不能凝固而出血不止，或凝血时间过长，呈现紫色血斑，生长缓慢；种蛋孵化率降低。

（二）水溶性维生素

1. 维生素 B_1（硫胺素）　维生素 B_1 缺乏时雏鹅食欲减退，生长发育受阻，发生痉挛，严重时头向背极度弯曲、瘫痪、卧地不起，引起多发性神经炎，生殖器官萎缩。

2. 维生素 B_2（核黄素）　缺乏维生素 B_2 时会引起代谢紊乱，出现多种症状，主要是跗关节着地，趾向内弯曲成拳状（卷曲爪）（图 5-14）。鹅生长缓慢、腹泻、垂翅、产蛋率下降，种蛋孵化率极低，死胚增加。

3. 维生素 B_3（泛酸）　维生素 B_3 缺乏时，雏鹅生长迟缓，

图 5-14　鹅爪卷曲和垂翅

羽毛松乱，眼睑粘连，皮肤和黏膜变厚和角质化；种鹅繁殖力下降，孵化过程中胚胎死亡率升高，雏鹅体形易畸形（图 5-15）。

图 5-15　体形畸形

4. 维生素 B_4（胆碱）　维生素 B_4 主要参与脂肪代谢、神经传导、肾上腺合成，促进代谢，防止脂肪肝。

5. 维生素 B_5（烟酸）　维生素 B_5 缺乏时雏鹅食欲减退，生长停滞，羽毛蓬乱，口腔和食管上部易发生炎症，口舌呈深红色，皮肤和脚有鳞状皮炎，蹄关节肿大，类似骨粗短症、溜腱症；成年鹅发生“黑舌病”，羽毛脱落，骨粗短，关节肿大，产蛋量和种蛋孵化率降低（图 5-16）。

6. 维生素 B_6（吡哆醇）　维生素 B_6 缺乏时雏鹅表现为食欲减退，生长受阻，皮下水肿，中枢神经紊乱，兴奋，痉挛，严重

图 5-16　口、鼻、眼发育不良

时衰竭死亡；种鹅生殖系统退化，产蛋量及种蛋孵化率下降。

7. 维生素 B_7（生物素）　维生素 B_7 缺乏时雏鹅生长缓慢，喙、眼睑、泄殖腔周围及趾蹼部裂口、变性，发生皮炎，易患溜腱症与胫骨粗短症，并发生脂肪代谢障碍；种鹅产蛋一般不受影响，但孵化率降低，胚胎骨骼畸形（图 5-17）。

图 5-17　骨骼畸形

8. 维生素 B_9（叶酸）　维生素 B_9 缺乏时引起贫血、孵化率降低，雏鹅生长不良，严重时患骨短症。

9. 维生素 B_{12}（钴胺素）　维生素 B_{12} 维持正常造血。缺乏时雏鹅生长速度减慢，贫血，饲料利用率降低，母鹅产蛋量下降，孵化率降低。

10. 维生素C（抗坏血酸）　维生素C缺乏时雏鹅黏膜自发性出血，生长停滞，代谢紊乱，抗感染和抗应激能力降低；种鹅繁殖力降低，蛋壳变薄。

五、水的需要

水是鹅体组成的重要成分，分布于多种组织、器官及体液中。饮水要求：水量充足，水质清洁。在饲养中如水分不足，会影响饲料的消化吸收，阻碍分解产物的排出，导致血液浓稠，体温升高，生长和产蛋都会受到影响。严重缺水则发生死亡。饲喂过程中应避免脏水（图5-18）。

图5-18　水质脏

鹅体内水的来源主要有饮水、饲料水及代谢水。鹅吃1克饲料要饮水3.7克，当气温为12～16℃时，成年鹅平均每天饮水1 000毫升。

第二节　鹅常用饲料

鹅的饲料按来源可分为谷实、糠麸、糟渣、豆类籽实、饼粕、青绿饲料、草粉、叶粉、块根块茎和瓜果等植物性饲料，以及动物性饲料、矿物质饲料、维生素、微量元素和其他。如按营养特性分类，则可分为青绿饲料、青贮饲料、粗饲料、能量饲料、蛋白质饲料、矿物质饲料、维生素饲料及添加剂饲料等八大类。图 5-19 为全价配合饲料。

图 5-19　全价配合饲料

一、能量饲料

饲料干物质中粗纤维含量小于或等于 18%、粗蛋白质小于 20%的饲料原料均属于能量饲料。特点是消化率高，产生的热能多，粗纤维含量为 0.5%～12%，粗蛋白质含量为 8%～13.5%。这类饲料不包括禾谷籽实类、糠麸类、块根块茎类及油脂类等。

（一）谷实类饲料

鹅所需能量的主要来源，包括玉米、小麦、大麦、燕麦、稻谷和高粱等。干物质的消化率为 70%～90%，粗纤维 3%～8%，粗脂肪 2%～5%，粗灰分 1.5%～4%，粗蛋白质 8%～13.5%，磷的含量为0.31%~0.45%，钙的含量低于0.1%。这些饲料一般都缺乏维生素A和维生素D，但富含B族维生素和维生素E。

1. 玉米　玉米是重要的能量饲料之一，一般在鹅的日粮中配比占40%~70%，贮存时含水量应控制在14%以下，防止霉变（图5-20）。

图5-20　玉米

2. 小麦　小麦含能量较高，粗蛋白质含量10%~12%，B族维生素含量丰富。缺点是：黏性大，粉料中用料若过大，则黏嘴，降低适口性，维生素A、维生素D缺乏。小麦的使用应根据其市场价格而定，如在肉鹅的配合饲料中使用小麦，一般用量在10%~30%。

图5-21　小麦

3. 大麦　大麦在鹅的日粮中使用较普遍。粗蛋白质11%~13%，维生素B族品质优于其他谷物。大麦皮壳粗硬，应破碎或发芽后饲喂。饲喂效果逊于玉米和小麦，通常占鹅日粮 10%～25%（图 5-22）。

图 5-22 大麦

4. 稻谷 稻谷为鹅常用饲料，但代谢能低，粗蛋白含量为 8.3%，粗纤维含量高，约为 8.5%。在水稻产区稻谷是常用的养肉鹅饲料，可占 10%～50%（图 5-23）。

图 5-23 稻谷

5. 高粱 高粱的蛋白质含量与玉米相当，但品质较差，其他成分与玉米相近。高粱含单宁较多，味苦、适口性差，而且还能降低蛋白质、矿物质的利用率。在鹅的日粮中应限制使用，不宜超过 15%（图 5-24）。

6. 燕麦 燕麦的粗蛋白质含量为 9%～11%，含赖氨酸较多，但粗纤维含量也高，达到 10%，不宜在雏鹅和种鹅中过多使用（图 5-25）。

7. 糙米 糙米的粗蛋白质含量为 6.8%，适口性好，取材容

图 5-24　高粱

图 5-25　燕麦

易，易消化吸收。常用作开食料（图 5-26）。

8. 碎米　碎米淀粉含量高，纤维素含量低，粗蛋白质含量约为 8.8%，是农村养肉鹅的常用饲料。在日粮中可占 30%～50%。用碎米作为主要能量饲料时，要补充相应的胡萝卜素（图 5-27）。

图 5-26　糙米

图 5-27　碎米

（二）糠麸类饲料

糠麸类饲料是稻谷制米和小麦制粉后的副产品，具有来源广、质地松软、适口性好、价格较便宜等优点。

1. 米糠 米糠是稻谷加工的副产品，粗蛋白质含量在 12% 左右，粗脂肪含量高，达 16.5%，不饱和脂肪酸含量较高，极易氧化，酸败变质，不宜久存，尤其在高温、高湿的夏季，极易变质，应慎用（图 5-28）。

图 5-28 米糠

2. 小麦麸 小麦麸粗蛋白质含量较高，为 15.7%；粗纤维含量高，为 8.9%。质地疏松，体积大，具有轻泻作用；钙少磷多，在鹅的日粮中的用量为 5%~20%（图 5-29）。

图 5-29 小麦麸

3. 小麦次粉　小麦次粉的粗蛋白质含量为13.6%～15.4%。和小麦相同，多喂时也会产生黏嘴现象，用量在10%～20%（图5-30）。

图5-30　小麦次粉

（三）块根块茎和瓜果类

块根主要有甘薯、马铃薯、胡萝卜、饲用甜菜、甘蓝、南瓜等。碳水化合物和水分含量较多，适口性好，产量高，是养鹅的优良饲料。

1. 胡萝卜　产量高，营养丰富，易栽培，耐贮存，是冬、春季重要的多汁饲料，富含胡萝卜素，每日可喂20～30克（图5-31）。

图5-31　胡萝卜

2. 甘薯　甘薯又名红薯，可以鲜喂、熟喂（图 5-32）。

图 5-32　甘薯

3. 马铃薯　马铃薯又名土豆，每天饲喂 10%~30%，无不良影响（图 5-33）。

图 5-33　马铃薯

4. 南瓜　南瓜又名倭瓜，营养丰富，含有较多的胡萝卜素和核黄素，饲喂各阶段的鹅都很适宜（图 5-34）。

图 5-34 南瓜

(四) 油脂类

油脂是油和脂的总称，在室温下呈液态的称为“油”，呈固态的称为“脂”。油脂是高热能来源，具有额外热能效应，是必需脂肪酸的重要来源之一，能促进色素和脂溶性维生素的吸收。油脂的热增耗低，可减轻鹅热应激。

二、蛋白质饲料

蛋白质饲料通常是指干物质中粗纤维含量在18%以下、粗蛋白质含量为20%以上的饲料。这类饲料营养丰富，易于消化，粗蛋白质含量高。按照蛋白质饲料的来源不同，分为植物性蛋白质饲料和动物性蛋白质饲料。

(一) 植物性蛋白质饲料

鹅饲料的植物性蛋白质饲料包括豆类籽实、饼粕类和部分糟渣类饲料，以及某些谷实的加工副产品等。蛋白质含量在30%～45%，适口性好，含赖氨酸多，是鹅常用的优良蛋白质饲料。

1. 豆粕（饼） 大豆采用浸提法提油后的加工副产品称为豆粕，豆粕是压榨提油后的副产品，粗蛋白质含量在42%～46%。生豆粕含胰蛋白酶抑制因子等很多有害物质，所以在使用时一定要饲喂熟豆粕（图5-35）。

图 5-35　豆粕

2. 菜籽粕（饼）　菜籽粕是菜籽榨油后的副产品，粗蛋白质含量为 37%左右，营养价值不如豆粕。由于其含有硫代葡萄糖苷，严重影响菜籽粕的适口性，导致甲状腺肿大，激素分泌减少，动物生长速度和繁殖降低。菜籽粕还有辛辣味，适口性不好，所以饲喂时最好经过浸泡、加热，或采用专门的解毒剂进行脱毒处理。用量应控制在 5%~8%（图 5-36）。

图 5-36　菜籽粕

3. 花生仁粕（饼）　花生仁粕是花生榨油后的副产品。花生仁粕含脂肪高，在温暖而潮湿的地方容易腐败变质，产生剧毒的黄曲霉毒素，因此不宜久存，用量为 5%~10%（图 5-37）。

图 5-37 花生仁粕

4. 棉仁粕（饼） 棉仁粕是棉籽脱壳榨油后的副产品，粗蛋白质含量一般在 33%~40%，最高为 50%。因含有棉酚毒素，不宜过多饲喂，日粮中不可超过 8%（图 5-38）。

图 5-38 棉仁粕

5. 植物蛋白粉 植物蛋白粉是制粉、酒精等工业、加工业采用谷实、豆类、薯类提取淀粉，所得到的蛋白质含量很高的副产品。可作饲料的有玉米蛋白粉（图 5-39）、粉浆蛋白粉等。粗蛋白质含量因加工工艺不同而差异很大（25%~60%）。

图 5-39　玉米蛋白粉

6. 啤酒糟　啤酒糟是酿造工业的副产品，粗蛋白含量丰富，达 26%以上，啤酒糟含有一定量的酒精，喂量要适度（图 5-40）。

图 5-40　啤酒糟

7. 玉米胚芽粕（饼）　玉米胚芽粕是玉米胚芽湿磨浸提玉米油后的产物，粗蛋白质含量 20.8%，适口性好、价格低廉，是一种较好的饲料（图 5-41）。

8. 玉米干酒糟及其可溶物（DDGS）　DDGS 由 DDG 和 DDS 组成，DDG 是将玉米酒精糟做简单过滤，滤渣干燥，滤清

图 5-41　玉米胚芽粕

液排放掉，只对滤渣单独干燥而获得的饲料，其中浓缩了玉米中除了淀粉和糖的其他营养成分，如蛋白、脂肪、维生素。DDS 是发酵提取酒精后的稀薄残留物中的酒精糟的可溶物干燥处理的产物，其中包含了玉米中一些可溶性物质，发酵中产生的未知生长因子、糖化物、酵母等。DDGS 是世界公认的优质蛋白原料，蛋白含量达 30%左右。玉米酒糟中除碳水化合物减少外，其他成分为原料的 24 倍。粗蛋白质含量在 28%~33%（图 5-42）。

图 5-42　玉米酒糟

（二）动物性蛋白质饲料

动物性蛋白质饲料包括鱼粉、蚕蛹粉、肉骨粉、血粉、酵母蛋白粉、肠衣粉等，蛋白质含量达50%以上。

1. 鱼粉 鱼粉蛋白质含量达50%以上，是鹅的优质蛋白质饲料，一般用量在2%~8%（图5-43）。使用时注意事项：一是用量不要太大，二是注意掺假现象，三是注意食盐含量，四是注意霉变问题，五是注意腐败现象。

图5-43 脱脂鱼粉

2. 肉粉与肉骨粉 肉粉与肉骨粉是屠宰场的加工副产品。经高温、高压、消毒、脱脂的肉骨粉含有50%以上的优质蛋白质，且富含钙、磷等矿物质及多种维生素，是肉鹅很好的蛋白质和矿物质饲料，用量可占5%~10%（图5-44）。

图5-44 肉骨粉

3. 血粉　血粉是屠宰场的另一种下脚料。蛋白质含量很高，为 80%~82%，但血粉加工所需的高温易使蛋白质的消化率降低。血粉有特殊的臭味，适口性差，用量不宜过多，一般为 2%~5%（图 5-45）。

图 5-45　血粉

三、矿物质饲料

矿物质饲料是补充动物矿物质需要的饲料，是鹅生长发育、机体新陈代谢所必需的。

（一）常量元素矿物质饲料

1. 钙源饲料

（1）石粉。石粉由天然石灰石粉碎而成，主要成分为碳酸钙，钙含量 35%~38%，用量控制在 2%~7%（图 5-46）。石粉最好与骨粉以 1∶1 的比例配合使用。

（2）贝壳粉。贝壳粉为各种贝类外壳经加工粉碎而成的粉状或粒状产品。含有 94%的碳酸钙（约 38%的钙），鹅对贝壳粉的吸收率尚可，特别是下午喂颗粒状贝壳，有助于形成良好的蛋壳。用量可占日粮的 2%~7%（图 5-47）。

图 5-46　石粉

图 5-47　贝壳粉

另外还有蛋壳粉、石膏和沙砾。蛋壳粉是禽蛋加工厂的副产品，石膏具有预防啄羽、啄肛的作用，用量为1%~2%。沙砾本身没有营养作用，补给沙砾有助于鹅的肌胃磨碎饲料，提高消化率。饲料中可以添加0.5%~1%沙砾。粒度以绿豆大小为宜。

2. 磷源饲料

（1）骨粉。骨粉以家畜的骨骼为原料，经蒸汽高压蒸煮、脱脂、脱胶后干燥、粉碎过筛制成，一般为黄褐色或灰褐色。基本成分为磷酸钙，含钙量约26%，含磷约13%，钙磷比为2∶1，是钙磷较为平衡的矿物质饲料。用量可占日粮的1%~2%（图5-48）。

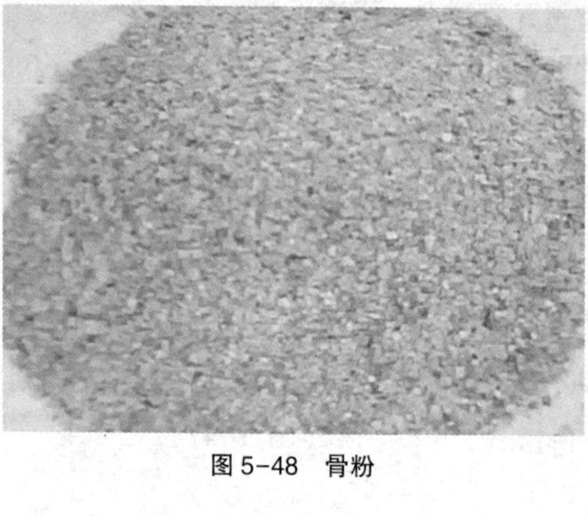

图 5-48　骨粉

（2）磷酸钙盐。磷酸钙盐由磷矿石制成或由化工厂生产，常用的有磷酸二钙（磷酸氢钙），还有磷酸一钙（磷酸二氢钙）（图 5–49）。它们的溶解性要高于磷酸三钙，动物对其中的钙、磷的吸收利用率也较高。日粮中磷酸氢钙或磷酸钙可占 1%～2%。

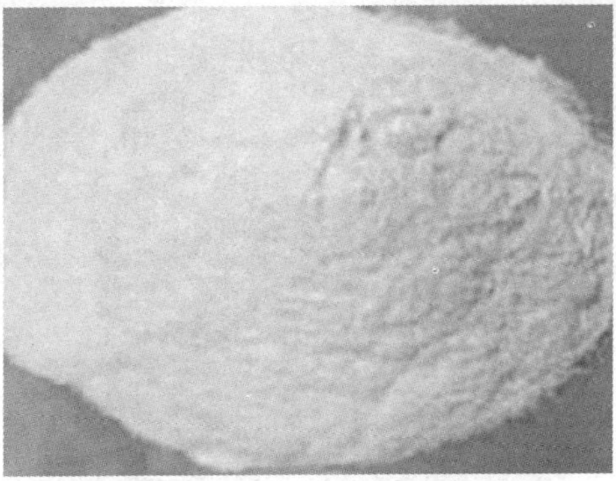

图 5–49　磷酸钙盐

（3）食盐。食盐是鹅必需的矿物质饲料，能同时补充钠和氯，化学成分为氯化钠，其中含钠 39%、氯 60%，含有少量钙、磷、硫等。食盐可促进食欲，保持细胞正常渗透压，维持健康。日粮中一般用量为 0.3%～0.5%。

（二）微量元素矿物质饲料

1. 含铁饲料　常用硫酸亚铁、氯化铁、氯化亚铁等。

2. 含铜饲料　常用硫酸铜，此外还有碳酸铜、氯化铜、氧化铜等。

3. 含锰饲料　常用硫酸锰、碳酸锰、氧化锰、氯化锰等。

4. 含锌饲料　常用硫酸锌、氧化锌、碳酸锌、葡萄糖酸锌、蛋氨酸锌等。

5. 含钴饲料　常用硫酸钴、碳酸钴和氧化钴。

6. 含碘饲料 比较安全常用的含碘化合物有碘化钾、碘化钠、碘酸钠、碘酸钾和碘酸钙。

7. 含硒饲料 常用硒酸钠、亚硒酸钠。含硒饲料有毒，需要严格控制用量，一般在 0.1%毫克/千克。

图 5-50 所示为微量元素预混合饲料。

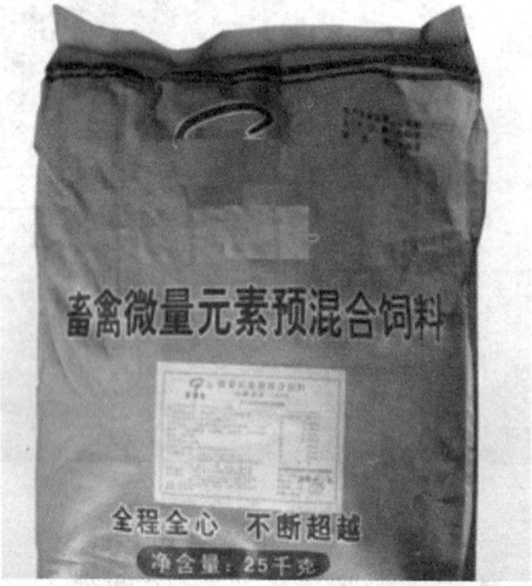

图 5-50 微量元素预混合饲料

四、饲料添加剂

饲料添加剂是指除了为满足鹅对主要养分（能量、蛋白质、矿物质）的需要之外，还必须在日粮中添加的其他多种营养性和非营养性成分，如氨基酸、维生素、促进生长剂、饲料保存剂等。

（一）营养性添加剂

营养性添加剂主要用于平衡鹅的日粮养分，以增强和补充日粮的营养为目的。主要有氨基酸添加剂、维生素添加剂和微量元素添加剂等（图 5-51）。

图 5-51 微量元素添加剂

(二) 非营养性添加剂

非营养性添加剂不是鹅必需的营养物质，但添加到饲料中可以产生各种良好的效果，有的可以预防疾病、促进生长、增加食欲，或提高产品质量、延长饲料的保质期限等。根据其功效可分为三大类，即抗病促进生长剂、饲料保存剂和其他饲料添加剂(如调味剂、着色剂等)；鹅饲料中一般不用。

(三) 绿色饲料添加剂

1. 益生素 益生素又称益生菌或微生态制剂等，是指由许多有益微生物及其代谢产物构成的，可以直接饲喂动物的活菌制剂（图 5-52)。目前已经确认适宜作益生素的菌种主要有乳酸杆菌、链球菌、芽孢杆菌、双歧杆菌以及酵母菌等。

2. 酶制剂 酶是活细胞所产生的一类具有特殊催化能力的蛋白质，是促进生化反应的高效物质。

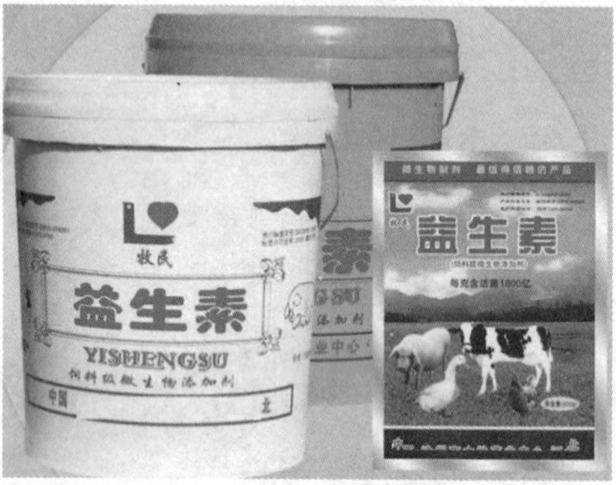

图 5-52　益生菌添加剂

第三节　种草养鹅与常用青绿饲料

青绿多汁饲料来源广，容易消化，成本低廉，是鹅最主要、最经济的饲料。青绿多汁饲料容易消化，含丰富的维生素及矿物质，适口性好。在实际饲养管理中，往往采用放牧饲养直接利用，或刈割进行舍饲饲养，以细嫩为好。

一、种草养鹅的推荐模式

在实施种草养鹅时，首先要规划好种草品种、面积和养鹅的数量及批次，做到有草就有鹅，草能满足供应，鹅能及时消化（图 5-53）。现介绍两种模式，供参考。

模式 1：欧花黑牧草或冬牧-70 黑麦。9 月下旬至 10 月上旬播种，供草期 11 月至翌年 6 月上旬，每亩产量可达 8 000 千克，分批刈割喂鹅，每亩可养鹅 300 只左右。分 3～4 批套养，第一批 11 月进雏，30 只/亩，翌年 1 月底上市；第二批 1 月底 2 月初进雏，50 只/亩，4 月上旬上市；第三批 3 月初进雏，120 只/亩，

图 5-53　分区放养

5 月中旬上市；第四批 4 月初进雏，120 只/亩，6 月上旬上市。这种模式解决了稻麦产区种植业结构调整削减小麦面积难的问题。

模式 2：菊苣或苦荬菜。菊苣是多年生植物，一次播种多年利用，第一年产量低，第二年进入盛产期，每亩产量 8 000 千克，供草期 4～11 月。苦荬菜属一年生牧草，品质好，蛋白质含量高，3 月播种，每亩产 4 000 千克，供草期 4～11 月。菊苣有短暂的高温季节生长缓慢期，而苦荬菜在 7、8 月气温高时生长最旺盛，两种牧草兼种，能收到互补效果。这种模式辅以野生杂草，每 6 亩可养鹅 300 只左右，分 3～4 批套养。第一批 4 月中旬进雏，30 只/亩，6 月下旬上市；第二批 5 月下旬进雏，100 只/亩，8 月上旬上市；第三批 6 月中旬进雏，100 只/亩，8 月下旬上市；第四批 8 月上旬进雏，80 只/亩，11 月上市。

二、养鹅常用的牧草

牧草具有品质好、产量高、利用效果好的优点，尤其在养鹅生产中是不可缺少的一个环节。常用的栽培牧草有：

1. 串叶松香草　串叶松香草（图 5-54）为菊科多年生草，株高 2.0～3.5 米，可利用 10 年以上。串叶松香草喜温耐寒，也耐热，在年降水量450毫米以上的微酸性至中性沙壤土和壤土上生长良好，抗盐性和耐瘠性较差，因此，要获得高产，必须施以足量的水肥。串叶松香草的产量相当高，种植当年每亩可收鲜草3 000千克，我国南方种植，一年可刈割5次，亩产鲜草15 000千克。串叶松香草不仅产量高，品质也好。抽茎期干物质含量为88. 1%，粗蛋白含量高达20. 6%。

图5-54　串叶松香草

2. 象草　象草又名紫狼尾草（图5-55）。原产于非洲，是

图5-55　象草

热带和亚热带地区广泛栽培的一种多年生高产牧草，喜欢温暖湿润气候。除四季给畜禽提供青饲料外，也可调制成干草或青贮。

象草具有较高的营养价值，蛋白质含量和消化率均较高。每公顷年产鲜草 75～150 吨，高者可达 450 吨。每年可刈割 6～8 次，生长旺季每隔 25～30 天即可刈割 1 次，不仅产量高，而且利用年限长，一般为 4～6 年，如果栽培管理和利用得当，可延长到 7 年，甚至 10 年。象草株高 100～130 厘米时即可刈割头茬草，每隔 30 天左右刈割 1 次，1 年可刈割 6～8 次，以留茬 5～6 厘米为宜。割倒的草稍等萎蔫后切碎或整株饲喂畜禽，可提高适口性。

3. 紫花苜蓿　紫花苜蓿（图 5-56）又名紫苜蓿、苜蓿、苜蓿草，为苜蓿属多年生草本植物。根系发达，种植当年可达 1 米以上，多年后达 10～30 米。茎秆斜上或直立，株高 60～100 厘米。小 3 叶，花呈簇状，荚果呈螺旋形。紫花苜蓿适应性较广，抗寒、抗旱性强，能耐-20℃低温，有雪覆盖的话，-40℃也能越冬。因根系强大、入土深，对干旱的忍耐性很强。但高温或降雨过多对其生长不利，持续燥热潮湿会引起烂根死亡。紫花苜蓿富含蛋白质和矿物质，胡萝卜素和维生素 K 的含量较高，蛋白质

图 5-56　紫花苜蓿

含量是干物质的17%～23%，以20%计，亩产1 500千克干草(始花期)。

4. 苦荬菜 苦荬菜（图5-57）为菊科莴苣属一年或越年生草本植物，又称苦麻菜、鹅菜等，具有较强的适应性，但是怕涝。苦荬菜生长快，再生力强，株高30厘米左右即可刈割，北方地区每月可以刈割1次，亩产鲜菜5 000～7 000千克。其叶及嫩茎鲜嫩多汁，适口性好，粗蛋白质含量较高，粗纤维较少，营养价值较高，是鹅饲养中应用效果良好的青饲料。

图5-57 苦荬菜

5. 聚合草 聚合草（图5-58）又称俄罗斯饲料菜、饲用紫草等，为多年生草本植物，丛生型，可利用时间长达10年。聚合草产量高，适应性强，营养丰富，世界各地均可栽培，是鹅的优质青饲作物。聚合草株大叶密，再生性也很强，南方一年可刈割5～6次，北方3～4次，一年亩产5 000千克以上。营养价值高，按干物质计算，粗蛋白质含量接近苜蓿，粗纤维则比苜蓿低。

但聚合草株叶具有较粗硬短毛，畜禽不太喜食，饲喂以前应先经切碎或打浆后与粉状精料拌和，以提高其适口性。也可调制青贮或干草，若晒制干草，宜晴天薄层晾晒，尽快制干，以免日

图 5-58　聚合草

久颜色变黑，品质下降。

6. 白三叶　白三叶（图 5-59）属多年草本植物，可使用 10 年以上，喜欢温暖湿润气候，耐酸性土壤，种子细小，播前应精细整地，施用有机肥和磷肥作底肥，可春播（4 月）、秋播（8~9 月）。每亩用种量 750 克，初花期刈割，每年可刈割 3~4 次。亩产青草 1 250~2 000 千克，营养价值高。干物质中含粗蛋白质 24.7%。

图 5-59　白三叶

7. 冬牧-70 黑麦草　冬牧-70 黑麦草（图 5-60）为一年生

禾本科牧草，在温度不低于8℃的情况下就可以生长，一年中的利用时期比较长，在株高25厘米以上时就可以刈割利用，全年可刈割4~6次，每次可产鲜草4 000~6 000千克。晒干的黑麦草中粗蛋白质含量达28%左右，粗脂肪约为6%，赖氨酸为1.5%，并有良好的适口性。

图5-60　黑麦草

8. 紫云英　紫云英（图5-61）为豆科一年生或越年生草本植物，喜欢温暖潮湿气候，在我国淮河流域以南地区种植较多，生长适温为15~20℃。作为饲料使用应该在初花期刈割，盛花期之后其营养价值降低。初花期刈割晒干的干草中粗蛋白质含量为

图5-61　紫云英

25.81%，粗脂肪为4.61%，粗纤维为11.81%。

9. 菊苣　菊苣（图5-62）属菊科多年生草本植物，不择土壤，具有抗寒、抗热、抗旱性强等特点，生长在海拔2 000米以下，四季产草，养分含量高，粗蛋白质含量为14%~22%。可采用春播（4月）、秋播（7~8月），播种前用厩肥加过磷酸钙撒于地面作底肥，精细整地，亩用种量250克，采用穴播，行穴距40厘米×20厘米，每穴撒入4~7粒种子，用细土覆盖2厘米，育苗移栽效果更佳。每年可刈割青草15 000千克左右，可使用5~8年。

图5-62　菊苣

10. 墨西哥玉米草　墨西哥玉米草（图5-63）是一年生的

图5-63　墨西哥玉米草

优质牧草，再生能力强，年可割7~9次，每亩产青草20 000千克以上。营养丰富，粗蛋白含量为13.68%，赖氨酸含量为0.42%，在我国凡是能种玉米的地区均可种植。茎叶直接饲喂，也可青贮，消化率较高。播种季节与各地玉米近似，可育苗移栽，也可直播。苗高50厘米可第一次刈割，每一次留茬比原留茬稍高1~1.5厘米，注意不能割掉生长点，以利再生。

（二）水草

水生植物可作饲料的有很多，常用的有水花生、水浮莲、水葫芦等（图5-64），它们都生长在水中或水边，茎叶中水分含量比较高。应用时需要将水草去根、去杂打浆后拌料，是鹅良好的维生素补充饲料。使用时应注意寄生虫的问题。

图5-64　水花生和水葫芦

（三）野草

每年4月气温回暖以后，田间地头、渠边沟畔、荒滩荒坡到处都生长有各种类型的野草，将这些野草收集后用于养鹅是非常好的饲料。绝大多数类型的野草都能够被鹅很好地利用（除猫儿眼），但要注意防止农药中毒（图5-65）。

（四）青菜

在冬季和早春气温比较低的时节，野生的青草很少，是鹅缺少青绿饲料的重要时期。在这个阶段可以考虑种植一些冬季生长的青菜用于补充青绿饲料，也可以收集贮存一些蔬菜在冬季和早

图 5-65 野草

春使用。常用的有小白菜、油菜、上海青、大白菜、小油菜、莲花白以及青菜叶、青笋叶、萝卜缨、卷心菜的嫩叶、胡萝卜等(图 5-66)。

图 5-66 小白菜和油菜

第六部分　鹅的饲养管理

第一节　肉仔鹅饲养管理

一、雏鹅培育

无论采取何种的养鹅方式，都有育雏过程，这个阶段主要是在育雏室内进行的。育雏期的各项要求主要是由雏鹅的生理特点所决定的。雏鹅见图 6-1。

图 6-1　雏鹅

（一）雏鹅的生理特点

1. 生长发育快　一般中、小型鹅种出壳重 100 克左右，大型鹅种 130 克左右。长到 3 周龄时，小型鹅种的体重比出壳时增长 6~7 倍，中型鹅种增长 9~10 倍，大型鹅种可增长 11~12 倍（图 6-2）。为保证雏鹅快速生长发育的营养需要，要及时饮水、喂食和喂青饲料，饲喂含有较高营养水平的日粮。

图 6-2　4 周龄的鹅

2. 体温调节能力差　雏鹅全身只有稀薄的绒毛，保温性能差，对外界温度的变化缺乏自我调节能力，特别是对冷的适应性较差。3 周龄内的雏鹅，温度稍低时易发生扎堆现象，常导致压伤，甚至死亡。温度偏高也容易造成雏鹅“出汗”而导致体质下降。图 6-3 所示为雏鹅保暖。

图 6-3　雏鹅保暖

3. 新陈代谢旺盛 雏鹅体温高，呼吸快，体内新陈代谢旺盛，需水较多，育雏时水槽不可断水，以利于雏鹅的生长发育。

4. 公、母鹅生长速度差异大 公、母鹅生长速度不同，同样的饲养管理条件下，公雏比母雏体重高5%~25%，单位增重耗料也少。图6-4所示为肉鹅公、母混养，但在饲养条件允许的条件下，育雏时尽量做到公、母分开饲养。

图6-4 肉鹅公、母混养

5. 个体小，抗病力差 雏鹅的抵抗力和抗病力较弱，容易感染各种疾病，若饲养密集，一旦发病损失严重。因此，应做好雏鹅防疫工作。

6. 喜水 鹅是水禽，雏鹅对水具有先天的喜好（图6-5）。雏鹅饮水的时候喜欢把水到处甩，容易造成绒毛变湿、垫料潮湿。使用水盆时，日龄较大的雏鹅还喜欢跳进水盆洗澡，如果不注意可能造成雏鹅溺水。

（二）育雏前的准备

1. 育雏舍的检修 首先根据进雏数量计算出育雏舍的面积，对舍内照明、通风、保温和加温设施进行检修（图6-6）。还要查看门窗、地板、墙壁等是否完好无损，如有破损要及时修补。

图 6-5 游泳

舍内要灭鼠并堵塞鼠洞。

图 6-6 育雏舍外部

2. 清扫与消毒 进雏前要对育雏舍彻底清扫和消毒，将打扫干净的育雏舍用高压水冲洗地板、墙壁，晾干后铺上垫料，饲喂饮水器械放入后进行熏蒸消毒（每立方米空间用福尔马林 42 毫升，高锰酸钾 21 克。把高锰酸钾放在瓷盘中，再倒入福尔马林溶液中，立即有烟雾产生，密闭门窗，经过 24~48 小时熏蒸后，打开门窗，彻底通风）。如果是老棚舍，在熏蒸前地面和墙壁先用 5%来苏儿溶液喷洒一遍（图 6-7）。

图 6-7　清洁的育雏舍

3. 育雏设备、用品准备　育雏保温设备有育雏伞、红外线灯、火炉、火炕、箩筐、竹围栏等，饲喂设备有开食盘、料桶、料盆、水盆等，应根据育雏数量合理配置（图 6-8）。育雏用品有饲料（青绿饲料、精饲料）、塑料布、垫料、药品和疫苗等。

图 6-8　料桶与饮水器

4. 预热　消毒好的育雏舍经过 1~2 天的预热，使室内温度达 30℃，即可进行育雏。火炕育雏生火加温后，应检查炕面是否漏烟，测定炕面温度是否均匀和达到育雏温度。育雏伞伞下温度的高低是否达到要求。火炉加温后，舍内各点温度是否均衡，避免忽冷忽热。

（三）育雏的环境条件控制

合理的育雏条件是保证雏鹅健康成长的前提。育雏条件主要包括温度、湿度、通风、光照和饲养密度等。

1. 温度　温度是育雏鹅的首要条件。温度与雏鹅的体温调节、运动、采食、饮水以及饲料的消化吸收密切相关。保温期的长短因品种、气温、日龄和雏鹅的强弱而异，一般需保温 2～3 周，北方或冬、春季保温期稍长，南方或夏、秋季节可适当缩短保温期。表 6–1 为不同日龄鹅的实施温度范围。

表 6–1　不同日龄鹅的实施温度范围

日龄	1～5 日龄	6～10 日龄	11～15 日龄	16～20 日龄	20 日龄以后
温度	27～29℃	25～26℃	22～24℃	20～22℃	18℃

生产中具体的温度实施可通过雏鹅的表现来进行。当雏鹅挤到一块（打堆），绒毛直立、躯体卷缩、发出“叽叽”叫声，采食量下降，属温度偏低的表现；如果雏鹅表现张口呼吸，远离热源，分散到育雏舍的四周，特别是门、窗附近，饮水增加，说明温度偏高；在正常适宜温度下，雏鹅均匀分布，静卧休息或有规律地采食饮水，食欲旺盛，间隔 10～15 分钟运动 1 次，呼吸平和，睡眠安静。图 6–9 所示为育雏室温度计摆放。

2. 湿度　育雏室相对湿度一般要求维持在 60%～65%，为了防止湿度过大，饮水器加水不要太满，而且要放置平稳，避免饮水外溢，对潮湿垫料要及时更换。育雏舍窗户不要长时间关闭，要注意通风换气，降低舍内湿度，有利于雏鹅的生长发育和预防疾病。

3. 通风　雏鹅新陈代谢旺盛，产生大量的二氧化碳，同时鹅排泄的粪便、垫料发酵也会产生大量的氨气和硫化氢气体。因此，必须对雏鹅舍进行通风换气。夏、秋季节，通风换气工作比

图 6-9　育雏室温度计摆放

较容易进行，打开门窗即可完成。冬、春季节，通风换气和室内保温容易发生矛盾。在通风前，首先要使舍内温度升高2~3℃，然后逐渐打开门窗或换气扇，避免冷空气直接吹到鹅体。通风时间多安排在中午前后，避开早晚时间。图 6-10 所示为鹅舍通风窗设置。

图 6-10　通风窗设置

4. 光照　育雏期间，一般要保持较长的光照时间，有利于雏鹅熟悉环境，增加运动，便于雏鹅采食、饮水，以满足生长的营养需求。表 6-2 所示为日龄与光照的关系。

表 6-2　日龄与光照的关系

日龄（天）	1~3	4~15	16 天以后
光照时间（小时）	24	18	自然光照
日龄（天）	0~7	8~14	以后
光照强度（勒克斯）	8	6	自然光照

5. 饲养密度　一般雏鹅平面饲养时的密度为：1~2 周龄15~20 只/米^2，3 周龄 8 只/米^2，4 周龄 5 只/米^2。饲养密度过小，不利于保温，同时造成空间浪费；饲养密度过大，影响生长发育，群体平均体重下降，均匀度下降，出现啄羽、啄趾等恶习（图 6-11）。

图 6-11　密度大引起啄羽

（四）雏鹅的选择、运输与安置

1. 雏鹅的选择　健壮的雏鹅是保证育雏成活率的前提条件，对留种雏鹅更应该进行严格选择（图 6-12）。引进的品种必须优良，苗鹅要求来自健康无病、高产的种鹅群。选择苗鹅时要了解种鹅群及苗鹅防疫情况（小鹅瘟是雏鹅阶段危害最严重的传染病，在疫区，种鹅开产前 1 个月要接种小鹅瘟、鹅副黏病毒病疫苗，以保证雏鹅 1 个月内不发生小鹅瘟。如种鹅没有接种疫苗，雏鹅要注射小鹅瘟高免血清或卵黄)。

图 6-12　健壮的雏鹅

健康雏鹅的外观表现：

(1) 绒毛粗长，蓬松洁净，有光泽，无黏毛。

(2) 卵黄吸收好，脐部收缩完全，没有脐钉，脐部周围没有血斑、水肿和炎症。

(3) 行动活泼，眼大有神，反应灵敏，手握雏鹅，挣扎有力，腹部柔软有弹性，叫声响亮，用手握住颈部提起雏鹅时，双脚迅速收缩。

(4) 体重符合品种要求，大小适中，群体整齐。

2. 雏鹅的运输　雏鹅出壳后应在 12 小时内安全、及时地运输到目的地，并要选择合适的运输工具和包装器械（图 6-13）。冬季和早春运输时要注意保温，要有覆盖物，防止雏鹅受寒，并且要随时检查，防止闷死。高温期间运输要防止日晒、雨淋，最好用带顶棚的车辆。运输过程中不需要饲喂，但长途运输尤其是夏季要让鹅饮水，避免发生脱水现象。

3. 雏鹅的安置　雏鹅运到育雏室后，在原箱内休息半小时，然后按照每个小圈的大小，放置适当数量的雏鹅，注意根据雏鹅的性别、出壳时间的早晚、体重、大小等分小圈放置（图 6-14）。

图 6-13　空调运输车

图 6-14　安置好的雏鹅

管理人员要认真仔细地观察鹅群状况，根据观察到的情况进行相应处理，使雏鹅尽快适应新的环境（图 6-15）。观察的内容包括：活动情况、呼吸情况、消化情况、脱水程度、伤残情况、鹅群分布等，挑选出伤残及弱小雏鹅，要把弱雏群安置在室内温度较高、接近热源的地方；也可以把弱雏放在室内特制的摊床上，使温度接近孵化后期的温度，使腹内卵黄还没有吸收完的“大肚脐”鹅继续吸收卵黄，提高雏鹅成活率。

（五）育雏期的饲料

考虑到雏鹅的消化能力差和生长速度快的特点，雏鹅阶段的

图 6-15　育雏人员观察鹅舍

饲料中精饲料使用比例较大，青绿饲料主要使用鲜嫩的牧草、青菜，饲料要注意新鲜、无污染、不腐烂变质，并要切碎后喂饲（图 6-16）。

图 6-16　饲喂青绿饲料

（六）育雏期饲养技术

1. 潮口　雏鹅开食前要先饮水，第一次下水运动与饮水称为潮口，雏鹅出壳后 24 小时左右，即可进行（图 6-17）。雏鹅第一次饮水，掌握在 3~5 分钟。在水中加入 0.05%高锰酸钾，一般用 2~3 天即可。长途运输后的雏鹅，为了使其迅速恢复体力，提高成活率，可以在饮水中加入 5%葡萄糖，还可按比例加入速溶多维和口服补液盐。

图 6-17 潮口

2. 开食 雏鹅开食时间一般以出壳后 24~30 小时为宜，保证雏鹅初次采食有旺盛的食欲（图 6-18）。

图 6-18 开食

批量育雏开食用料槽或料盘，或直接撒在塑料布或席子上，便于全群同时采食到饲料。第一次喂食不要求雏鹅吃饱，吃到半饱即可，时间为 5~7 分钟。过 2~3 小时后，再用同样的方法调教采食，等所有雏鹅学会采食后，改用食槽、料盘喂料。一般从3日龄开始，用全价饲料饲喂，并加喂青饲料。为便于采食，精料可适当加水拌湿。

3. 喂饲管理 雏鹅阶段消化器官的功能没有发育完全，因此要饲喂营养丰富、易于消化的全价配合饲料，另需优质的青饲料，饲喂时要先精后青，少吃多餐。饲料消耗标准如表6-3所示。

表6-3 100只雏鹅的饲料消耗参考

日龄（天）	2	3~6	7~9	10~15
精饲料（千克）	0.4	0.7	2.0	3.5
青饲料（千克）	0.7	7~20	25~35	40~60

4. 饮水管理 雏鹅的饮水要保证“清洁、充足”，育雏期间一般使用真空饮水器，饮水器的高度要随鹅的长大逐渐垫高，使饮水器的水盘边缘略高于雏鹅的背部，这样既方便饮水也有助于减少水的抛洒。保证饮水的卫生质量是非常重要的，饮水要用深井水，要求水无异味、不浑浊，必要时在水管上安装过滤装置。气温低的时期要注意不要使水温过低，必要时可以让雏鹅饮用25℃左右的温水（图6-19）。同时应保证水量充足，避免饮水不足。当雏鹅饲养到2周龄后如果使用水盆饮水，要在水盆周围用竹制或金属制的栅网罩住，既能够让鹅的头颈部自由出入，又能够防止鹅跳进水盆。

（七）育雏期管理要求

1. 及时观察雏鹅表现 饲养人员要经常在育雏室内观察鹅群的表现，观察设备和环境条件的控制情况，观察饲料和饮水情况。以便于及时发现和解决问题。

2. 及时分群 雏鹅刚开始饲养，饲养密度较大，每平方米饲养30~40只，而且群体也较大，300~400只/群。随着雏鹅不

图 6-19　饮水

断长大，要进行及时合理的分群，减少群体数量，降低饲养密度，以保证雏鹅健康生长和高的育雏成活率（图 6-20）。

图 6-20　分群管理

分群时按个体大小、体质强弱来进行，便于加强雏鹅饲养管理。第一次分群 10 日龄时进行，每群数量 150~180 只；第二次分群 20 日龄时进行，每群数量 80~100 只；育雏结束时，按性别分栏饲养。日常管理中，发现残、瘫、过小、瘦弱、食欲不振、行动迟缓者，应尽早进行隔离饲养、治疗或淘汰处理（图 6-21）。

图 6-21　弱雏隔离

3. 增加运动　适当增加运动有助于提高雏鹅的体质，增强抗病能力，也有利于骨骼和羽毛的发育。低温季节，当雏鹅达到 20 日龄后，在晴朗无风、外界温度较高的时候可以把鹅群放到室外运动场，开始在运动场活动的时间可以稍短，约 30 分钟，以后可以逐渐延长；在外界温度较高的时期，雏鹅达到 10 日龄后就可以在运动场活动（图 6-22）。

图 6-22　舍外活动

4. 适时放牧　放牧日龄应根据季节、气候特点而定。天暖的夏季，出壳后 5~6 天即可放牧；天冷的冬、春季节，要推迟到 15~20 天后放牧（图 6-23）。

图 6-23　早春放牧

刚开始放牧应选择无风晴朗的中午，把鹅赶到棚舍附近的草地上放牧 20~30 分钟。以后放牧时间由短到长，牧地由近到远。每天上、下午各放牧 1 次，中午赶回舍中休息。上午放牧要等到露水干后进行，以上午 8~10 时为好；下午要避开烈日暴晒，常下午 3~5 时进行。雏鹅抵抗力相对弱，放牧应避开寒冷大风天和阴雨天。雏鹅饲养到 4 周龄羽毛长出后才可下水活动，应选择晴天，将鹅群赶到水边戏水，使其逐渐适应水中生活。

5. 雏鹅的洗浴管理

（1）雏鹅 7 日龄左右可进行“放水”，放水的日龄视气候情况而定，夏季可提前 1~2 天，冬季则宜推迟（图 6-24）。

（2）在晴朗无风的中午让雏鹅下水游泳，洗涤绒毛，每次不超过 5 分钟。如果鹅场附近有清洁的浅水塘，则可以把雏鹅缓慢驱赶到水塘边让其自由下水、戏水，切不可强迫赶入水中。如果是在鹅场内放水，则可以用几个大的塑料盆盛满清水，让雏鹅试着入水洗浴，也可以在水池放浅水供雏鹅洗浴。

图 6-24　雏鹅洗浴

（3）放水时间随着雏鹅日龄的增加逐渐加长，直至过渡到自由洗浴，一般 4 周龄后雏鹅能够彻底适应水中生活。

（4）放牧鹅群可结合放水，牧食后放水，水要清，每次放水 30 分钟，上岸休息 40～50 分钟，再继续放牧。舍饲的雏鹅每天傍晚应放水 1 次，时间约半小时，可促进新陈代谢，有利于消化，清洁羽毛，防止生羽虱和其他皮肤病。

6. 减少雏鹅的意外伤亡

（1）防止野生动物伤害。雏鹅缺乏自卫能力，老鼠、鼬、鹰都会对它们造成伤害。因此，育雏室的密闭效果要好，任何缝隙和孔洞都要提前堵塞严实。雏鹅在运动场和水池活动或在放牧过程中都要有人照料，不能让猫、狗接近鹅群。

（2）减少挤堆造成的死伤。室温过低、受到惊吓、洗浴后羽毛未干就进入育雏室都会引起雏鹅挤堆，造成下面的雏鹅死伤。

（3）防止踩、压造成的伤亡。当饲养员进入雏鹅舍的时候，抬腿落脚要小心，以免踩住雏鹅，放料盆或料桶时应避免压住雏鹅；工具放置要稳当，操作要小心，以免碰倒工具砸死雏鹅（图 6-25）。

图 6-25　注意脚下雏鹅

（4）其他。放水时注意观察，防治溺水（主要是 10 日龄前的雏鹅）。笼养和网上平养时防止雏鹅的腿脚被底网孔夹住，头颈被网片连接缝挂住等。

（八）育雏期的卫生防疫管理

雏鹅时期是鹅最容易患病的阶段，只有做好综合预防工作，才能保证高的成活率。

1. 隔离饲养　雏鹅应隔离饲养，不能与成年鹅和外来人员接触，育雏舍门口设消毒间和消毒池。定期对雏鹅、鹅舍及用具用百毒杀等药物进行喷雾消毒。

2. 及时接种疫苗　小鹅瘟是雏鹅阶段危害最严重的传染病，常常造成雏鹅的大批死亡。购进的雏鹅，首先要确定种鹅是否用过小鹅瘟疫苗。种鹅在开产前 1 个月接种，如果种鹅未接种，雏鹅可在 3 日龄皮下注射 10 倍稀释的小鹅瘟疫苗 0.2 毫升，1～2 周后再接种 1 次；也可不接种疫苗，对刚出壳的雏鹅注射高免血清 0.5 毫升或高免蛋黄 1 毫升（图 6-26）。

3. 饲料中添加药物防病　根据育雏期间周围疫情、本场以往发生的疫情、育雏季节容易感染的疫病等情况，适时使用一些抗生素预防疾病的发生。

4. 搞好环境卫生　鹅舍必须经常打扫，勤换垫草，保持舍

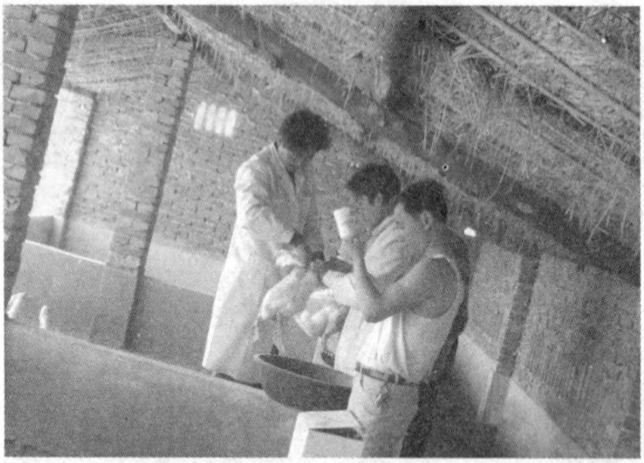

图 6-26　注射疫苗

内干燥。除育雏室要定期清扫外，运动场也应该每天清扫，及时将杂物运送到垃圾场。水槽、料槽及时清理、刷洗、消毒，水池定期更换水，每次换水时将池底杂物清理干净，避免脏乱、缺水（图 6-27）。

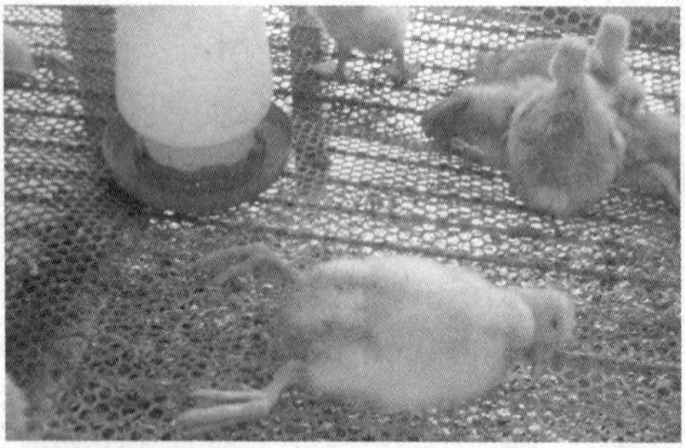

图 6-27　饮水器脏乱、缺水

二、肉鹅饲养与管理

肉鹅是生态养鹅的主要产品，生态养殖肉鹅需要为肉鹅提供一个清洁、舒适、符合鹅生物学习性的生活和生产环境以及配套的饲养管理和卫生防疫条件，这样才能保证鹅群健康、高产、优质。这里所指的肉鹅是育雏结束后到出栏这一阶段的鹅群，通常是 5~10 周龄阶段（如果养大鹅则时间会延长）（图 6-28）。

图 6-28　优质肉仔鹅

（一）圈养肉仔鹅的饲养管理

1. 圈养肉鹅对栏舍的要求　圈养对栏舍的基本要求是尽量宽敞，能够遮风挡雨，通风采光良好。为了节省投资，鹅舍可以利用闲置厂房、农舍，农村还可以在田间地头搭建简易棚舍（图 6-29）。

舍内设置有以下 3 种方式：

（1）栅饲。将舍内地面用木条、竹条、树枝等围成许多小的围栏，每个围栏 1~2 平方米，可饲养育肥鹅 5~10 只。食槽和饮水器放在栏外，让鹅只从间缝中伸头采食和饮水。围栏的高度一般为 50~60 厘米，有的地方在围栏上加栅状盖，使鹅只不能抬头伸颈鸣叫。栅饲适合农村小规模肥育仔鹅，肥育时间较短，一般从 50 日龄开始抓入栅栏内育肥。由于群体较小，便于喂食和管理，鹅只生长均匀（图 6-30）。

（2）圈养。在鹅舍内用砖或竹木隔成几个大的圈栏，每个圈面积为 15~25 平方米，每平方米饲养 4~6 只育肥鹅。圈的高度为 50~60 厘米。食槽和饮水器放置在圈内，圈外最好连接有

图 6-29 简易肉鹅舍

图 6-30 栅饲

河塘，供鹅自由采食和洗浴。圈养育肥鹅，活动范围加大，适合大规模集约化饲养，可以在育雏结束后放入圈中，方便管理。圈养育肥在入圈前，要进行挑选，体形过大、过小的鹅只要单独饲喂，否则放入大群会影响到群体的均匀度（图 6-31）。

（3）棚架。在华南一带，地面潮湿，可以用竹条搭成棚架，棚高 60 厘米左右，将鹅养在棚架上，与粪便和潮湿的垫料隔离，有利于疾病的预防和仔鹅的生长。棚架的大小以饲养 5~10 只鹅为宜，面积 1~2 平方米。四周用竹条围起，食槽和饮水器放在

图 6-31　圈养

栏外。

无论什么样的圈养肉鹅栏舍，都要求舍内不能潮湿，垫草要干净、干燥、松软。圈养肉鹅要求有较大的室外运动场，在天气情况良好的时候应当让鹅群有较多的时间在运动场活动。

2. 圈养肉鹅的饲喂方法　圈养肉鹅饲料以配合饲料为主，适当补充青绿多汁饲料。一般配合饲料按照前面提供的饲料配方配制。

（1）精饲料用量。精饲料富含各种营养，是肉鹅生长发育主要的营养提供者。以四川白鹅为例，5~6 周龄期间，每只鹅每天的精饲料用量控制在 100 克左右，7~8 周龄期间约 120 克，9~10 周龄期间 150~200 克。注意在 5~6 周龄期间精饲料的用量不宜太多，这个时期是主翼羽生长最快的时期，如果精饲料用量过大容易造成鹅主翼羽外翻，影响其外观质量和销售价格。图 6-32为肉鹅翻翅现象。出栏前 2 周增加精饲料用量的目的在于快速催肥，使鹅在 2 周内体重快速增加、肌肉更加丰满。

（2）青粗饲料使用。在 5~10 周龄期间青粗饲料要供应充足，不仅要保证为鹅提供精饲料所没有满足的营养，还要让鹅的消化道有充盈感，避免鹅因为腹中饥饿而发生啄癖或采食难以消化的异物。

图 6-32 翻翅

（3）喂饲方法。肉用仔鹅舍饲一般采用自由采食，每天白天加料 3~4 次，夜晚补饲 1 次，自由饮水。精饲料与切碎的青绿饲料或经过发酵处理的秸秆粉混合（后者需要适当加水拌湿）后放在料盆中供鹅群采食。混合的饲料可以分早中晚 3 次饲喂，半上午和半下午可以把青绿饲料直接放到运动场让鹅群采食（图 6-33）。

图 6-33 饲喂青绿饲料

3. 圈养肉鹅的环境控制

（1）温度控制。仔鹅的体温调节能力较强，对环境温度的变化具有一定的适应能力。但是，温度过高或过低都会影响仔鹅的生长发育和健康，尤其是鹅群中那些体质比较差的个体。冬季主要是保温，要求舍内夜间温度不低于 12℃；早春夜间温度也应不低于 12℃，还要注意防止环境温度突然变化对鹅群造成的不良影响；夏季主要是防暑降温。

（2）室内湿度控制。鹅舍内的湿度应控制在60%左右。但是，在实际生产中常常出现湿度偏高问题，垫草潮湿会对鹅的羽毛生长、健康造成不良影响，需要经常注意采取措施防止潮湿。

（3）注意鹅舍的通风。当鹅群到室外活动的时候可以打开门窗、风机进行充分的通风换气。冬季和早春通风要注意防止冷风直接吹到鹅身上，夏季高温期间可以让鹅群到室外树荫下活动和休息。

（4）光照管理。为了增加鹅群的采食和饮水时间、促进增重，早晚应对鹅舍进行补充照明。

以地面垫草平养方式饲养中型鹅的标准，每平方米鹅舍可以饲养鹅的数量见表6-4，如果采用网上平养，可以比地面垫草平养多0.5只。

表6-4 仔鹅的饲养密度（单位：只/米^2）

周 龄	5~6	7~8	9~10	10以上
饲养密度	4~5	3~5	3~2	3

（二）放养肉鹅的一般饲养管理要求

1. 牧场要求 放牧育肥对牧场要求较高，一般要求在水草丰盛的草原、坡地草场、河流滩涂、林间草地、湖边沼泽等野生牧场放牧较为合适（图6-34）。根据牧草生长情况，每亩地可放养20~40只育肥鹅。如果利用人工种植草场，每亩地可放养80~100只仔鹅。另外，还可以在收获后的稻田、麦田中放牧，采食落谷。一些干旱地区的荒漠型草场，不适合放牧仔鹅。

2. 放牧时间的安排 雏鹅在10~15日龄开始短时间放牧，刚开始选择天气暖和、无风雨时进行，在上午8~9时和下午2~3时放牧。第一次放牧20~30分钟，以后逐渐延长放牧时间。1月龄以后可采用全天放牧，刚开始每天8~10小时，以后逐渐延

图 6-34　坡地放养

长到 14~16 小时，使鹅只有充分的放牧采食时间。天气暖和时早出晚归，天气较冷或大风要晚出早归，但要注意早上放牧最早要等到露水干后进行，否则鹅只采食到含有大量露水的牧草会引起拉稀，影响生长。

3. 鹅群的划分　大批饲养肉用仔鹅，放牧时要有合适的群体规模。群体太大，走在后边的鹅采食不到足够的牧草，影响生长和群体的均匀度；群体太小，劳动生产率不高，不能完全利用牧草。一般大中型鹅种群体大小以 300~500 只为宜，最多不超过 600 只；小型鹅种以 700~800 只为宜，最多不超过 1 000 只。为使鹅群均匀采食、均匀生长，在育雏期间就要控制群体大小，一般在育雏室内头几天应隔成 20~30 只一群。在育雏期间要定期强弱分群，大小分群，尽量保证育雏结束时生长均匀。

4. 实行轮牧　无论是野生牧场还是人工草场，为了保证牧草的再生利用，避免草场退化，仔鹅在放牧过程中要实行轮牧。实行轮牧要按照鹅群大小，划定固定的草地，每天在一小块上放牧，15 天新草长出后再放牧 1 次。实行轮牧可以保证草地的可持续利用。划定每天放牧草地的大小，应根据草的生长情况和鹅只采食量来定。每只鹅每天采食青草数量为 1.0~1.5 千克。图6-35所示为林下轮牧。

图 6-35 林下轮牧

5. 牧鹅技术 放牧鹅群的关键是要让鹅听从指挥，这就需要使鹅群从小熟悉指挥信号和语言信号，形成条件反射。从雏鹅开始，饲养人员每当喂食、放牧和收牧前，要发出不同而又固定的语言信号，如大声吆喊、打口哨等。另外，在下水、休息、缓行、补饲时都要建立不同的语言信号和指挥信号（图 6-36）。牧鹅的另一技术是“头鹅”的培养和调教，“头鹅”反应灵敏，形成条件反射快，其他鹅只的活动要看“头鹅”来完成。“头鹅”

图 6-36 用竹竿作为控制鹅群的工具

一般选择胆大、机灵、健康的老龄公鹅。为了容易识别“头鹅”，可在其背部涂上颜色或颈上挂小铃铛，这样鹅群也容易看到或听到“头鹅”的身影或声音，增加安全感，安心采食和休息。鹅群放牧时由 2~3 人来完成。2 人放牧，左、右各 1 人；3 人放牧，左、右、后各 1 人，这样可保证鹅群在一定草场区域缓慢行走采食。

6. 放牧方法 鹅群在放牧时的活动有一定的规律性，表现为采食—饮水—休息。鹅群采食习性是缓慢游走，边走边吃（图 6-37），采食 1 小时左右，从外表看出整个食道发鼓发胀，表明已吃饱。这时应赶到水塘中戏水和饮水，然后上岸休息和梳理羽毛，每次游水 0.5 小时左右，上岸休息 0.5~1 小时后再进行采食。如果草场附近没有水源，放鹅时要有拉水车，准备水盆让鹅饮水。鹅只休息时，应尽量避开太阳直晒，尤其是夏天的中午，可以在树荫下或搭建的临时凉棚下休息。

图 6-37 训练好的鹅群放牧途中有序前进

在水草丰盛的季节，放牧鹅群要吃到“五个饱”，才能确保迅速生长发育和育肥。“五个饱”是指上午能吃饱 2 次，休息 2 次；下午吃饱 3 次，休息 2 次后归牧。

7. 补饲 放牧育肥的仔鹅，食欲旺盛，增重迅速，需要的营养物质较多，除以放牧为主外，还应补饲一定量的精料。传统的补饲方法为在糠麸中掺以薯类、秕谷等，供归牧后鹅群采食，这种补饲方法难以满足仔鹅营养的需要。建议补饲精料改为全价配合高能高蛋白日粮，可以使鹅只生长迅速，快速育肥，提前上市。每天补饲的次数和数量，应根据鹅的品种类型、日龄大小、草场情况、放牧情况来灵活掌握。30~50 日龄，每天补饲 2~3 次；50~70 日龄，每天补饲 1~2 次。补饲时间最好在归牧后和夜间进行。补饲量中小型鹅每天 100~150 克，大型鹅每天 150~200 克。在上市前 10~15 天，如发现鹅只体形较小，更要加强补饲，增加补饲次数和喂量，每天 3~4 次，每只每天补饲200~250 克。

（三）肉鹅的出栏

1. 肉鹅的出栏时间　肉仔鹅饲养时间的长短是由仔鹅体重的生长发育规律和羽毛的生长发育规律决定的。

（1）仔鹅体重的增长规律。仔鹅特别是 2 周龄的仔鹅生长速度很快，4 周龄体重可达成年体重的 40%，8 周龄时达到 80%，体重增加 40~50 倍，一般鹅到 4~8 周龄时出现绝对增重的高峰期，9 周龄以后明显下降。鹅体重的相对增长率高峰期出现在2~3 周龄，随周龄的增长而下降，一般鹅长到 10 周龄时已下降到10%以下，到成年后，生长强度下降为零。

（2）仔鹅羽毛的生长发育规律。25~30 日龄即所有胎毛全部由黄变白，称大翻白。31~35 日龄，尾、体侧、翼基部长出大羽毛，称四搭毛。40~45 日龄，腹部羽毛长齐，称滑底。46~50 日龄，头部羽毛长齐，称头顶毛。55~60 日龄，除背腰外，其余羽毛全长齐，称两段头。61~65 日龄，主翼羽背部相交，称交翅。70~80 日龄，鹅体羽毛全部成熟，并开始第二次换羽（图 6-38）。

从体重和羽毛的生长发育规律来看，为保证仔鹅肉足羽丰，

图 6-38　骨架先发育，羽毛后发育

应以体重生长转缓点和羽毛丰满时为最佳出栏时期，所以肉用仔鹅的适时屠宰期中小型品种以 10 周龄、大型品种以不超过 12 周龄为适。羽毛发育成熟鹅只见图 6-39。

图 6-39　后期羽毛发育

（3）饲养效益评估。饲养肉鹅的目的在于获得经济效益。如何饲养，饲养多长时间，除上述两个方面外，还需要考虑饲养效益。如果肉鹅饲养期处于青绿饲料丰盛的季节，而当时鹅的销售价格偏低时可以考虑延长饲养时间以待价格的上升。例如 5 月底出壳的雏鹅，到 8 月 10 日前后（饲养 70 天）出栏，这个时期是肉鹅上市的旺季，价格一般比较低，如果这个时间不出售而继续放牧饲养到国庆节，饲养成本不会增加很多，但是活鹅的销售价格就会上涨较多，如果在8月20日前后进行1次活鹅拔毛还可以增加鹅毛的收入。

2. 肉鹅的出栏要求

（1）检查鹅群的生长发育情况。目前，影响活鹅销售的主要因素包括鹅的体重、鹅群的均匀度、羽毛生长情况、鹅的精神状态（健康状况）、鹅的肥瘦等。在鹅群出栏前10天要认真检查这些项目，如果不理想就要及时采取补救措施。

（2）落实活鹅收购商。正常情况下肉鹅饲养到10~11周龄就需要出栏，如果不能及时出售则鹅的饲料消耗不会减少，但是增重速度明显降低，而且饲养时间越长不仅饲养成本越高，健康风险也越大。因此，当鹅群饲养到7~8周龄的时候就需要开始联系收购商，以便及时将养成的肉鹅出售。

（3）保持鹅羽毛的清洁。对于大多数养鹅户或小规模养鹅场来说，一般都是出售活鹅。活鹅出售时羽毛是否干净会在一定程度上影响其卖相。因此，在活鹅出售前1~5天要让鹅群在清水中充分洗浴，同时要注意保持鹅舍内垫草的干净和干燥，这样可以使鹅在出售前的羽毛洁白、漂亮（图6-40）。

图6-40　羽毛发育良好

（4）装车与运输。活鹅出售时一般先称量笼子的重量，把鹅装进去后再称重，得出这一笼鹅的重量，把每个笼鹅的重量累计出来，就计算出本次所有出售鹅的重量。注意，在装笼的时候不能装得太满、太拥挤，必须使鹅在笼内有一定的活动空间，防止鹅在运输过程中窒息或压伤、压死（图6-41）。

图6-41 装车与运输

运输过程要注意缩短运输时间，因为运输时间越长对鹅造成的应激越大，运输损失也会越大。高温时期运输注意防暑，低温时期注意防寒防闷。运输过程中要减少颠簸和避免急刹车。

第二节 种鹅饲养管理

一、种鹅苗的选留批次

从11月到翌年5月底都有鹅苗供应，作为种鹅，必须把鹅苗的出壳时间作为留种的重要参考依据。

中原地区和华北地区种鹅苗一般选择在2月和3月出壳的雏鹅，出壳时期早和晚的鹅都不适宜留作种鹅。种鹅饲养180天左右才能达到性成熟和体成熟，而华北和中原地区种鹅的繁殖季节起始于10月，也就是说，9月底种鹅要达到180日龄以上。

1月出壳的雏鹅在9月底达到250日龄以上，青年鹅的饲养期过长、饲养成本高（即便是在7月达到180日龄以上，由于还没有到繁殖季节，鹅也不产蛋）；4月及以后出壳的雏鹅，饲养到9月底的时候还没有达到180日龄，其开产时间要推迟到11月或更晚，整个繁殖季节的产蛋量比较少。

二、青年鹅的饲养管理

青年鹅是指10周龄以前的鹅。雏鹅出壳后把公鹅和母鹅分开喂饲，便于7周龄前后分别选留公母鹅。翻肛法是最准确的鉴别方法，要求在雏鹅出壳后24小时内进行；操作时先把雏鹅捉住，并仰卧固定，然后用拇指和食指把肛门轻轻拨开，再稍加压力向外翻，使内部外露，如有螺旋状比芝麻稍大的阴茎突起，即为雄雏鹅；如肛门只有三角瓣形皱褶的，便是雌雏鹅。

7周龄以前的青年种鹅可以按照仔鹅的饲养管理和卫生防疫要求进行。7周龄之后的青年种鹅在饲养管理方面与仔鹅有较大差别。这里主要介绍7周龄后青年鹅的饲养管理要求。

（一）选留

7周龄时要对青年鹅进行选留，留作种公鹅的个体要求体格健壮、体重较大、腿粗壮、羽毛生长良好；留作种母鹅的个体要求体形中等偏大、体质健壮、羽毛生长良好。一般在一个饲养管理条件良好的群内有80%左右的个体能够符合留种要求，如果群体发育不良则符合选留要求的个体约为60%。没有入选的个体可以作为仔鹅经过较多地使用精饲料催肥后出售。交配器发育优劣见图6-42、图6-43。

（二）编群

选留出来的个体要重新编成小群。每个小群内鹅的大小、体格要相似；公、母鹅要分开，不能混群。

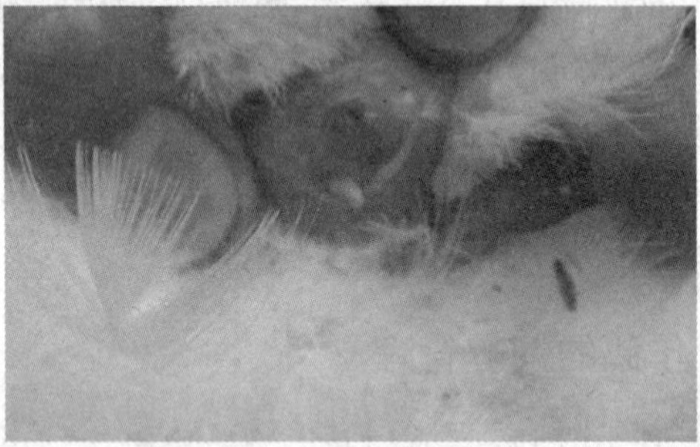

图 6-42　交配器发育不良

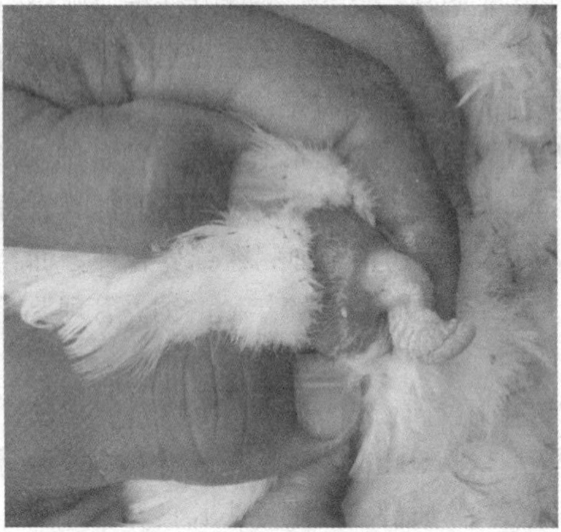

图 6-43　交配器发育良好

（三）喂饲

选留出来的个体可以较少使用精饲料，主要喂饲青饲料（在这个时期大多数地方青饲料比较充足），不必再追求鹅的生长速度，而是通过较多使用青饲料刺激鹅的消化道发育，并降低饲养成本。但是，要注意精饲料应少量使用，以补充蛋白质、矿物质（包括微量元素）和维生素等青饲料中含量偏少的营养素（图 6-

44)。

饮水要保证清洁、充足。

图 6-44　配制全价种鹅料

(四) 运动

圈养小鹅要注意经常让它们到运动场活动，通过活动增强体质，也减少鹅舍内的脏污和潮湿。每天可以让鹅群下水洗浴 1 小时左右（图 6-45）。

图 6-45　圈养鹅运动

(五) 放牧

有条件的情况下选留出来的小鹅要尽量采用放牧饲养方式。初开始放牧要注意不能过分驱赶，以免鹅跌伤致残，放牧路途也不宜远；以后逐渐扩大放牧活动范围。放牧注意事项可参考肉仔鹅放牧要求（图 6-46）。

图 6-46 放牧休息

三、后备鹅的饲养管理

后备鹅是指 11 周龄之后到 22 周龄前后期间留作种用的鹅。其起始时间一般没有多大变化，结束时间常常受雏鹅出壳时间影响，2 月初出壳的雏鹅其作为后备鹅的结束时间可能达到 26 周龄，3 月下旬出壳的雏鹅则只需要 19 周龄就结束。

（一）后备鹅的饲养

1. 饲料 后备鹅的饲料以青绿饲料为主，但应注意补充矿物质和复合维生素饲料。在青饲料不足的情况下适当补充精饲料。

2. 喂饲 圈养后备鹅每天喂饲 3~4 次，分别在早晨、上午 10：30、下午 3：00 和傍晚时分进行。青绿饲料要切碎后放在料盆中让鹅采食，最好将多种青饲料混合喂饲以保证其营养互补。青饲料使用前要检查，剔除腐烂部分（图 6-47）。

3. 饮水 保证饮水的清洁、充足。

（二）后备鹅的管理

1. 保持鹅舍清洁干燥 后备阶段鹅的采食量大，而且采食

图 6-47　后备鹅饲料

的主要是青绿饲料，每天的粪便排泄量也大；这个阶段的鹅在喝水的时候常常把较多的水洒到水盆或水槽之外。这样鹅舍内很容易潮湿，而潮湿、不卫生的环境对鹅群的健康和生长都不利（图 6-48）。

图 6-48　较脏的鹅舍

保持鹅舍干燥主要是让鹅群有较多的时间到鹅舍外活动，把粪便排泄到室外；在室外设置饮水设备，在鹅饮水的时候往室内地面抛洒的水少些；定期更换垫草，并在鹅群到室外活动的时候加强鹅舍通风，这样有助于降低湿度。

2. 保持合适的饲养密度　后备鹅阶段，15 周龄前按照室内面积每平方米 4 只确定饲养密度，15 周龄后按每平方米饲喂 3~3.5 只。饲养密度过高影响鹅的生长，也不利于羽毛的生长。

3. 留意天气预报 由于这个阶段鹅群在室外活动的时间较长，受外界环境条件变化的影响也较大。遇到不良天气需要及时调整管理措施，减少恶劣气候对鹅群造成的不良影响。

4. 运动与洗浴 后备鹅阶段饲养管理的重要目标之一是促进鹅体格和骨骼发育，适当的运动是达到这个目标的重要途径。采用圈养方式饲养的后备鹅，每天不仅要让鹅群到运动场活动，而且饲养员有必要在鹅群中来回走动几次促使鹅运动。

洗浴的次数和时间要结合天气情况进行。适当的洗浴有助于保持良好的羽毛状况。但是，洗浴时间不必过长，且要保证洗浴的水质清洁（图 6-49）。

图 6-49 洗浴水质清洁

（三）后备鹅的选留

在日常的饲养管理过程中就需要及时淘汰病、残个体。在后备阶段即将结束（一般在 9 月中旬前后）的时候，可以集中进行选留。

1. 公、母鹅的比例 按照 1 公 3 母的比例选留。按这个比例选留的公鹅数量比实际需要的数量多，但是在开产前还需要对公鹅再次进行比较严格的选留，还会有较多的个体被淘汰。如果此时按照实际需要选留公鹅，很可能到开产的时候能够使用的公鹅数量不足。

2. 公鹅的选留要求 要求选留公鹅的体格较大，体质健壮，鸣叫声音响亮；羽毛整齐，羽毛颜色符合该品种要求；腿脚粗壮，精神状态好，额瘤大且光亮（图 6-50）。

图 6-50 种公鹅

3. 母鹅的选留要求 要求选留母鹅的体格较大，精神饱满并且性情温顺，健康状态好；羽毛丰满并洁净，无杂毛（图 6-51）。

图 6-51 后备母鹅

（四）后备鹅的放牧

如果条件许可，后备鹅要充分利用放牧条件进行饲养。通过放牧促进骨骼发育，增强体质，防止过肥。放牧过程中大量采食野生饲料（主要是青绿饲料）可以刺激消化道的发育，提高消化功能。放牧还有助于保持鹅舍的清洁、干燥，对夜间鹅群在舍内休息有好处。

（五）后备鹅的卫生防疫

后备鹅的体质关系到鹅群开产后的生产性能，必须采取综合性卫生防疫措施，提高后备鹅群的健康水平。

1. 注意环境消毒 鹅舍要求每周用消毒剂喷洒1~2次，喷洒要在鹅群到室外活动时进行。凡是能够喷洒到的地方（地面、墙壁、屋顶、用具等）都要尽可能喷洒消毒剂（使用的消毒剂有季铵盐类、次氯酸钠、络合碘、过氧乙酸等）。室外运动场每周消毒1次，可以交替使用上述药物，也可以在傍晚鹅群回舍后用福尔马林喷洒消毒（图6-52）。

图6-52 常用消毒剂

洗浴用的水池每周要换水1~2次，以保持水质的清洁。每次换水时当把脏水放掉后还要清理池底的杂物、污泥，清理后用消毒药进行池底消毒，之后再放进清水。很多养鹅场（户）不注意这一点，水池内的水质很差，细菌含量高，容易引发鹅群疾病。

2. 接种疫苗 在8月初至9月中旬时（后备鹅饲养阶段的后期），要对鹅群进行免疫接种，这个时期需要接种的疫苗包括鸭瘟疫苗、大肠杆菌菌苗、禽流感疫苗、小鹅瘟疫苗、鹅副黏病毒病疫苗等。每种疫苗的接种至少间隔 1 周时间，以免相互产生干扰。这些疫苗的接种有的是保护产蛋期的种鹅，有的是提高雏鹅体内的母源抗体水平（图 6–53）。

图 6–53 疫苗接种

3. 定期驱虫 因这个时期鹅群较多进行放牧或在室外活动，更易感染一些虫卵，要注意观察鹅的粪便情况，有寄生虫发生就要及时使用驱虫药。

4. 放牧要避开疫区 如果附近发生禽类疫情，要到远离疫区的地方放牧甚至停止放牧。

5. 保持环境的干净、干燥 脏污、潮湿是引起鹅群健康问题的主要原因（图 6–54）。要注意定期更换垫草，清扫鹅舍和运

图 6–54 场舍脏

动场以保持良好的生活环境。

四、预产期鹅的饲养管理

预产期是指开产前5周到开产这个时期，在华北地区一般是指9月上旬到10月中旬。在后备鹅阶段主要喂饲青绿饲料，体内的营养蓄积量不多。但是，到了这个时期就需要补饲精饲料，让鹅的肌肉、生殖器官开始较快的发育，尤其是卵泡和输卵管的发育，为以后的产蛋做好准备。

（一）饲料与喂饲

1. 饲料 这个时期在保证青粗饲料充足供应的基础上，要注意使用适量的精饲料，一般要求每只鹅每天精饲料的用量在80克左右。开始可以按每只每天40克的量补饲，以后逐日增加，等鹅群产蛋时每只鹅每天的补饲量达到110克左右。

2. 喂饲 精饲料在早晚两次与青粗饲料混合后喂饲，上午和下午喂饲青粗饲料。要有足够的喂饲用具（常用的是料盆），保证鹅群的均匀采食（图6–55）。每次的喂饲量要合适，喂饲量过大鹅群在短时间内吃不完，会造成饲料的浪费或变质。

图6–55 喂饲与饮水设施

3. 补钙 这个时期是鹅体内沉积髓质骨的重要时期，可以把石灰、石粒、贝壳粒、碎蛋壳等含钙较多的矿物质饲料原料盛放在盆内放在运动场让鹅自由采食。如果是小圈饲养，也可以把这些饲料放在运动场的一角供鹅自由采食。

(二) 公鹅的选择

外貌特征和健康状况依然是公鹅选留的重要依据（图 6-56）。

图 6-56　品种特征

这个时期公鹅基本达到了性成熟，可以通过按摩的方法检查公鹅的交配器官发育情况和精液质量，确定公鹅的选留。一般有30%左右的个体配种能力差，需要淘汰。

按摩检查的方法如下。

1. 公鹅的保定　一般要两个人操作，一个人坐在椅子上，双腿并拢，抱住鹅的双肩将鹅的胸腹部放在腿上，尾部朝向前方，将鹅的颈部夹在腋下，另一人用手握住鹅的颈部防止鹅伤人。也有单人保定（图 6-57）。

2. 按摩　按摩人员右手伸开，虎口放在公鹅后腹部柔软处，左手从肩部到尾部进行按摩 5～8 次，此时右手会感觉到鹅的泄殖腔蠕动和鼓胀。这时，左手大拇指和食指放在鹅肛门左右两侧，右手大拇指和食指放在鹅肛门上下，左右手的两指交替对泄殖腔进行按摩，对于初次接受按摩的鹅来说，大约经过 2 分钟就

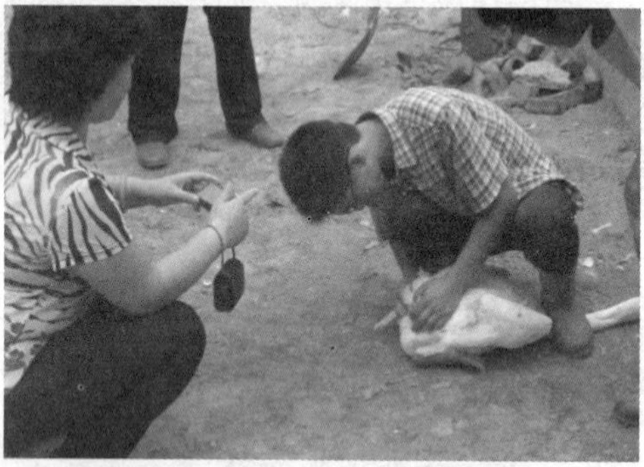

图 6-57　单人保定与翻肛

能够使其交配器官膨大并伸出泄殖腔外。

3. 判定　当鹅的交配器官伸出泄殖腔外后观察其大小、形状和颜色。正常的交配器官为淡粉色，螺旋状，螺纹表面有锯齿状突起，长度不少于 7 厘米。

常见的不合格情况有：交配器官长度小于 5 厘米，颜色暗红、苍白或不均匀，表面有溃疡等。有这些异常情况的个体其配种能力低甚至无配种能力。公鹅正常与异常的交配器见图 6-58。

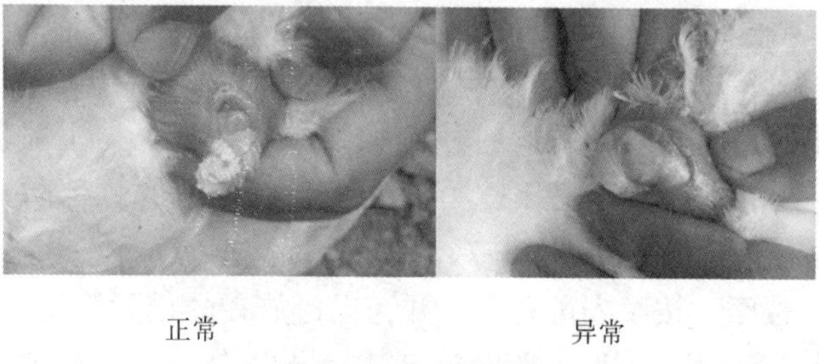

正常　　　　异常

图 6-58　公鹅交配器

多数鹅经过 2~3 次按摩后能够排出精液，每次排精量约 0.3 毫升，颜色和性状与牛奶相似。不排精或精液量少、颜色异常、过稀等都说明这只公鹅的繁殖能力差。

（三）调群与公母合群

1. 调群　在配种期，种鹅有大群配种和小群配种两种配种方法。

（1）大群配种。每个群内有母鹅 100～300 只，并按照公、母配比搭配合适数量的公鹅。正常情况下，这种方法种蛋的受精率正常（图 6–59）。

图 6–59　大群配种

（2）小群配种。每个小群有 2～3 只公鹅，9～12 只母鹅。这种配种方式能够及时发现配种能力差的公鹅。如果某个小群内的种蛋受精率低，就要对该小群的鹅进行观察，如果母鹅没有健康和体况问题，就要注意检查公鹅。这种配种方法一般能够获得高的种蛋受精率（图 6–60）。

调群在种鹅开产前 1 个月进行有利于同一群内的个体相互熟悉，相互适应。如果调群时间晚则会影响开产时间和初期种蛋受精率。

2. 公母合群　进入这个时期后要进行组群，组群的同时要把以前分群饲养的公鹅和母鹅合在一起。公母的配比，一般小型鹅 1 公配 5 母，中型鹅 1 公配 4～4. 5 母，大型鹅 1 公配 3～3. 5

图 6-60　小群配种（中间围网隔开）

母。

开产前 4~5 周将公、母鹅混群有利于公鹅与母鹅的熟悉，即便是发现某只公鹅有交配偏爱性也便于及早调整。

(四) 管理

1. 光照　鹅群开产前 2~3 周开始补充光照，每天光照时间为 12 小时。以后，每周将晚上关灯时间延迟 20~30 分钟，使光照时间逐周递增。

早晚补充光照一般使用白炽灯泡，按照每平方米鹅舍面积 3~4 瓦的功率布置即可。饲养员进入鹅舍后能够清楚地观察鹅群状况、垫草情况、水盆和料盆情况即可，这样程度的光照不会影响鹅群的生活和繁殖。

2. 控制放牧　如果后备鹅阶段采用放牧饲养方式，在进入这个阶段后要减少放牧时间和缩短放牧路程，以便于鹅体内能够蓄积营养。

3. 运动与洗浴　采用圈养方式的后备种鹅群，每天要控制鹅群的洗浴时间，一般在上午 9 时和下午 4 时各 1 次，每次 30 分钟左右（图 6-61）。鹅群在运动场活动时间要依据天气情况适当调整，一般早上开灯后就可以在运动场喂饲，接近傍晚时将鹅群收回鹅舍并喂饲。

图 6-61　鹅群洗浴

4. 更换垫草　9 月下旬或 10 月初鹅群临近开产，这时当鹅群到室外运动场活动的时候，要把陈旧的垫草清理干净，如果地面潮湿可以打开风机进行强制通风以排出湿气。之后可以在地面薄薄地撒一层生石灰，1 小时后在上面再铺设垫草。这样生石灰吸潮后不会出现石灰粉飞扬的情况，既吸潮又消毒。

目前使用的垫草类型有切短的麦秸、稻草、干燥的树叶等，要求垫草干燥柔软、吸湿性强，没有尖锐的物体（防止鹅脚底受伤），没有霉变，没有异味。厚度一般为 7~10 厘米（图 6-62）。

图 6-62　产蛋窝垫料（碎玉米秸秆）

5. 设置产蛋窝 一般在鹅舍内靠近墙边设置产蛋窝（图 6-63）。通常在距墙 80 厘米左右处用砖平铺两层（高度 12 厘米），形成一个长方形槽，槽内铺垫草。槽内垫草的厚度大些，让鹅感觉更柔软些，便于吸引鹅以后在产蛋窝内产蛋。以后每 2 周把产蛋窝内的垫草取出撒在室内旧垫草的上面，并把干燥柔软的新垫草铺进产蛋窝内。

图 6-63 鹅舍产蛋窝

五、繁殖期种鹅的饲养管理

在华北地区，种鹅的繁殖期一般从 10 月中旬开始，到翌年 4 月底前后停止。种鹅的繁殖期基本处于一年中外界温度较低的季节。

繁殖期种鹅的饲养管理是以保持良好的体质、提高产蛋率和种蛋受精率、降低饲养成本为目标。

（一）繁殖期种鹅的环境管理

1. 光照 繁殖期种鹅的光照时间控制为每天 14 小时，白天利用自然光照，早晚用灯泡补充光照（图 6-64）。

2. 温度 种鹅繁殖期的大部分时间是低温季节，采取防寒措施可以维持产蛋率和降低饲养成本。如果外界温度低于 -5℃就

图 6-64　适当补光

要推迟上午放鹅出圈的时间（图 6-65）。

在种鹅生产中，需要密切关注天气变化，气温突然降低会引发种鹅产蛋率的下降。

图 6-65　冬季舍外活动

繁殖期的后期外界气温较高，要注意采取措施缓解高温的影响，高温导致鹅停产，引起公鹅的精液质量下降，而且也减少公鹅的配种次数。在初夏季节鹅舍要保持良好的通风，保证充足的饮水，保持适宜的饲养密度，鹅舍和运动场应有树荫或搭盖遮阳棚（图 6-66），能够使种鹅的产蛋期拖延至 7~8 月。

3. 保持鹅舍内良好的空气质量　良好的空气质量是保证鹅

图 6-66　夏季设置水池和遮阳棚

群健康和高产的重要基础。但是，由于鹅的繁殖季节大都处于冬、春季，外界气温低，鹅舍的通风受限制，容易造成鹅舍内空气污浊。在生产实践中，由于鹅舍内空气质量差而影响鹅健康的情况发生的比较多。

一般来说，鹅具有耐寒怕热的习性，低温不会对种鹅的繁殖造成不良影响。因此，冬、春季在温暖无风的日子，可以让鹅群到室外运动场活动，室外的空气质量要比室内好很多。而且，当鹅群在运动场活动的时候可以打开鹅舍的风扇、门窗进行通风以排出污浊空气，换进新鲜空气（图 6-67）。

保持鹅舍内垫草的干燥也是保持室内良好空气质量的重要措施。当垫草潮湿的时候，微生物会大量繁殖，在微生物繁殖过程中会产生大量的氨气、硫化氢气体，导致室内空气的污浊。另外，潮湿的垫草也容易发霉。

4. 环境湿度　保持鹅舍和运动场的干燥是保证鹅群健康的重要条件，环境潮湿不利于鹅的健康。在实际生产过程中，由于鹅采食较多的青饲料，排较多的稀粪，加上鹅喝水的时候喜欢把水甩到水槽外，还有鹅群从水池中洗浴后常常是羽毛上粘有大量的水珠，到运动场或鹅舍后把水珠抖落到地上，所有这些都很容易把垫草和地面弄湿。水面运动场与陆地运动场衔接处应设置隔

图 6-67　鹅舍通风

离设施，或设置排水沟（图 6-68），防止陆地运动场潮湿。

图 6-68　设置排水沟（划线处）

（二）繁殖期种鹅的饲料与喂饲

1. 种鹅的精饲料与喂饲　繁殖期的种鹅为了产蛋需要消耗较多的营养成分。一般情况下，按照参考的饲养标准配制的鹅饲料含蛋白质为 17%左右，不同品种鹅需要喂饲精饲料量不一样。其他的青饲料、粗饲料所提供的蛋白质很有限。图 6-69 所示为种鹅全价料。

如果鹅群的产蛋率高或平均蛋重大，则每只鹅每天需要喂饲的精饲料数量也需要增加。精饲料喂饲时最好与青、粗饲料混合并拌湿后喂饲。一般可以在早晚两顿饲料中混合精饲料，中午前

图 6-69　种鹅全价料

后主要以青粗饲料为主。

如果单独喂饲精饲料会带来两方面的问题：一是鹅采食精饲料后对粗饲料的采食不积极，总的采食量减少；二是容易在大群内出现采食不均匀现象。

鹅是草食性家禽，不喜欢采食动物性饲料。但是，如果在精饲料中适当搭配一些优质鱼粉、肉骨粉等，对于提高种鹅繁殖性能是有帮助的。

2. 种鹅的青绿饲料与喂饲　青绿饲料中含有较多的维生素、微量元素和优质的蛋白质，冬、春季适当使用一些青绿饲料有利于提高种鹅繁殖力。冬季和早春由于青绿饲料数量不足，只能作为补饲之用。尽量每天都能提供一些，并在切碎后与粗饲料拌匀喂饲（图 6-70）。

在秋季种植越冬牧草或青菜用于日常的补饲。冬季收获的蔬菜（如大白菜、胡萝卜、小青菜）在价格低廉的时候可以用于种鹅的补饲，一些不作食用的老叶也可以利用。

4. 饮水管理　繁殖期间种鹅的饮水要按照“清洁、充足”的要求供应。饮水器要设在舍内和室外运动场中，让鹅在这些活动场所都能够随时喝到水。保证饮水器内水的深度，方便鹅的饮用。

图 6-70　补饲青绿饲料

（三）繁殖期种鹅的管理

1. 洗浴管理

（1）放水时间。种鹅的配种时间相对比较集中，早晨和傍晚是交配的高峰期，而且多在水中进行；与在陆地相比，鹅在水中交配容易成功（图 6-71）。在种鹅的繁殖季节，要充分利用早晨开棚放水和傍晚收牧放水的有利时机，使母鹅获得配种机会，提高种蛋的受精率。在配种期间每天上午应多次让鹅下水，尽量使母鹅获得复配机会。鹅群嬉水时，不让其过度集中与分散，任

图 6-71　种鹅水中交配

其自由分配，然后梳理羽毛休息。

（2）水体管理。鹅的交配多在水面上进行，水体的大小影响鹅群的活动，一般每只种鹅应有1~1.5平方米的水面运动场，水深1米左右。若水面太宽，则鹅群较分散，配种机会减少；水面太窄，过于集中，则会出现争配现象，都会影响受精率（图6-72）。如果是圈养种鹅，水池小的话则应该分批让种鹅进入水池，保证洗浴和配种时每只种鹅的活动面积。放水的水源要清洁，最好是活水面，缓慢流动，水质不受工业废水、废油的污染，水中不可有杂物、杂草秆等物，以免损伤公鹅的阴茎，影响其种利用价值。

图6-72 争配

2. 分群管理 由于鹅的繁殖力与鸡和鸭不同，第一年种鹅的产蛋量较少，第二年有所增加，第三年达到最高，之后逐渐下降。一般在一个种鹅繁育场内饲养有多个年龄段的种鹅。通常第一年的种鹅可以占33%，第二年的占28%，第三年的占24%，第四年的占15%。不同年龄段的鹅要分群饲养（图6-73）。

按照年龄分群，有助于卫生防疫和饲养管理措施的实施，因为不同年龄的鹅抗病力和繁殖力有较大差别。不同年龄段的种鹅所产蛋的大小和蛋壳厚度也有差别，第一年种鹅所产蛋蛋重最小，以后逐渐增大，第三年后基本稳定。分群饲养可以把不同年

图 6–73　分群管理（围栏隔离）

龄段种鹅所产种蛋分开孵化，有利于孵化管理，也有利于育雏管理。

3. 解决抱窝问题　除部分地方良种和选育品种的抱窝性很弱外，大部分品种的鹅有明显的抱窝习性，这是影响种鹅产蛋率的重要因素。生产中发现抱窝的个体要及时隔离并进行针对性的处理，服醒抱灵或雷米封、溴隐亭，注射三合素或雌二醇等能够有效解除抱窝现象；把抱窝的鹅从群内挑出，放在一个隔离圈内，组成的新圈内有来自不同群的鹅，相互之间存在戒备心理，不能安心卧下抱窝，几天后也能够醒抱。各种处理方法都要求尽早进行才能够获得良好成效。图 6–74 为抱窝母鹅。

图 6–74　抱窝母鹅

4. 种蛋管理 种鹅生产不仅要设法提高其产蛋量，还应该注意保证良好的种蛋质量（图 6-75）。

图 6-75 种蛋标记

（1）种蛋的收集。鹅的产蛋时间相对比较分散，上、下午都有产蛋，而且有的鹅在窝内产蛋的习惯性不强，会把蛋产在运动场或舍内地面，甚至在放牧的途中（图 6-76）。种蛋要及时收集，否则会影响到种蛋质量，因此，上、下午各需要捡蛋 2 次。不同鹅群所产的蛋要分开放置。

图 6-76 正在下蛋的鹅

（2）保证蛋壳的清洁。其主要措施一是合理设置产蛋窝，减少窝外蛋。在鹅舍内沿墙壁处用砖头砌宽 100 厘米、高 30 厘米的产蛋槽，运动场靠两侧搭设产蛋棚，棚下用砖头砌设宽 70

厘米、长 100 厘米、深 30 厘米的产蛋窝若干个，内铺设厚度约 10 厘米干燥柔软的垫草吸引鹅在窝内产蛋（图 6-77）；二是保持鹅舍内地面的干燥，要注意适当通风，及时更换或加铺垫草，尤其是产蛋槽内的垫草必须定期更换，饮水设备的位置要固定并能够防止鹅踏入其中。

图 6-77 垫料柔软干燥

（3）防止种蛋受冻。冬季是种鹅的重要繁殖季节，但是，外界的低温对于种蛋质量的保持是非常不利的，尤其是在温度低于 3℃的条件下会明显影响孵化效果。防止种蛋受冻一是要及时捡蛋，二是将收集后的种蛋存放在适宜的环境条件下，一般要求温度在 10~20℃。

（4）保存时间。种蛋保存时间不超过 10 天通常不会对孵化效果产生明显的不良影响，生产中要注意尽量缩短种蛋保存时间，因为随着种蛋保存时间的延长其孵化率会逐渐下降。

5. 保持合适的饲养密度 种鹅繁殖期间喜欢安静，管理上要避免鹅群受外界干扰。饲养密度大则鹅相互干扰多，鹅舍内的密度控制在 3~5 只/米^2（图 6-78）。

6. 合理控制运动 适当的运动有助于提高种鹅的体质，有利于提高种鹅的生产性能。只要不是大风和雨雪天气，当外界温

图 6-78　适宜饲养密度

度超过 3℃就可以让鹅群到室外活动。正常情况下鹅群在室外活动时间每天应不少于 4 小时。

7. 减少混群现象　鹅的合群性虽然很强，但是一直生活在一起的鹅才彼此熟悉，很容易和平相处，一旦混群就会出现欺生现象，甚至会引起争斗，从而影响采食和产蛋。另外，公、母鹅配偶有相对固定习惯，特别是用于生产种蛋的鹅，更不宜混淆，否则会影响受精率。生产中应尽量避免不必要的混群或调群。采取的措施：鹅舍之间的围墙或栅栏要达到一定高度，一般至少要高于 80 厘米，防止个别鹅串群。运动场和水池要设置围栏，防止戏水或活动时混群。放牧鹅群注意分群放牧或依次放牧，有离群个体要及时驱赶归群或赶回原圈舍。

（四）繁殖期种鹅的卫生防疫

1. 疫苗的强化免疫接种　种鹅在育雏前期需要接种小鹅瘟疫苗、鹅副黏病毒病疫苗和鹅新型病毒性肠炎疫苗，在育成期还需要接种鸭瘟疫苗，必要时接种禽流感疫苗。开产前 1 个月需要再次接种小鹅瘟疫苗、鹅副黏病毒病疫苗、鹅新型病毒性肠炎疫苗和鸭瘟疫苗，使后代雏鹅能够获得较高的母源抗体。产蛋 3 个月时再次接种前 3 种疫苗（图 6-79）。

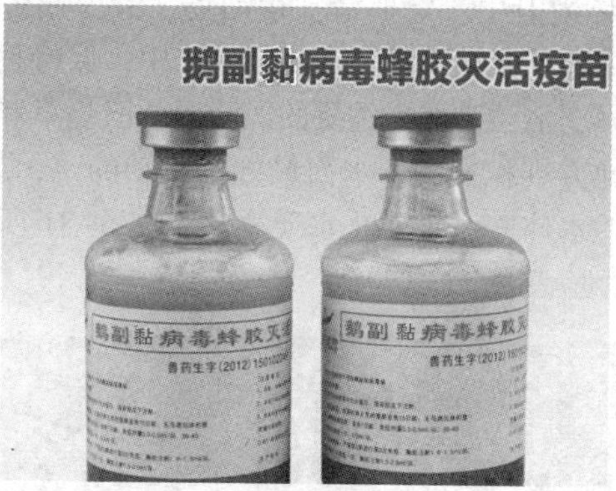

图 6-79　疫苗

2. 控制大肠杆菌病　大肠杆菌是影响种鹅健康的重要疾病之一，但是由于其血清型较多，使用菌苗预防的效果不确切，而且本病属于条件性疾病，需要根据具体情况进行防治。母鹅感染大肠杆菌后会出现卵黄性腹膜炎，后腹部膨大，常称为“蛋子瘟”，公鹅感染后其交配器官容易出现溃疡和变形而失去配种能力。其控制措施除免疫接种外，可以定期使用抗生素药物预防(图 6-80)，并注意保持环境和水面卫生。

图 6-80　常用蛋子瘟药物

3. 保持环境卫生 定期清扫运动场，清理鹅舍，保持其清洁卫生，舍内外要定期消毒。在实际生产中，保持种鹅运动场和鹅舍内的干燥、清洁是非常重要的。清理的旧垫草和垃圾要在离鹅舍较远的地方堆积发酵。水面最好是流动的水，如果为池塘，则需要较大的水体并注意防止水质恶化。图 6-81 所示为水质较差的饲养场，应避免。

图 6-81 水质较差

（五）减少窝外蛋的产生

窝外蛋是指鹅把蛋产在窝的外面。窝外蛋容易被污染，也容易被踩破。

1. 提前在鹅舍内安放充足的产蛋箱 当母鹅临产前半个月左右，应在舍内墙周围安放产蛋箱。产蛋箱的规格是：宽 40 厘米、长 60 厘米、高 50 厘米，门槛高 8 厘米，箱底铺垫柔软的垫草。每 2~3 只母鹅设一产蛋箱；产蛋箱数量不要太少，以免待产母鹅争窝。

2. 产蛋箱的位置不要随意调整 母鹅有择窝产蛋的习惯，第一次在哪个窝里产蛋，以后就一直在那个窝产蛋；如原来的产蛋窝被移动后，鹅会拒绝产蛋或随地产蛋，因此不要轻易改变产蛋箱的位置。

3. 训练母鹅在窝内产蛋 新鹅开产往往不识产蛋窝，因此，要注意鹅的动态，发现尾羽平伸、行动迟缓、鸣叫不安，并有找窝产蛋的表现时，应及时将其捉回产蛋窝，防止产窝外蛋。地面饲养的母鹅，大约有60%习惯于在窝外地面产蛋，有少数母鹅产蛋后有用草埋蛋的习惯，往往踩坏种蛋，造成损失。发现有鹅在舍外产蛋时，应及时将鹅和蛋一起带回鹅舍，将蛋放在产蛋窝内作“引蛋”，以调教鹅养成在舍内、窝内产蛋的习惯（图6-82）。

图6-82 引蛋

4. 掌握母鹅的产蛋规律 母鹅产蛋大多数在下半夜至上午10时以前，部分鹅下午产蛋。早上放牧前要检查鹅群，如发现有产蛋先兆的母鹅，应放置于产蛋箱内待产，而不要随大群放牧。产蛋鹅的放牧地点应选择在鹅舍附近，便于母鹅产蛋时及时回舍。

六、休产期种鹅的饲养管理

母鹅经过7~8个月的产蛋期，进入4月中旬之后产蛋量明显减少，受精率逐渐降低。一般情况下，到5月鹅群基本停止产蛋，进入休产期。

种鹅停产换羽后开始逐渐停止精料的饲喂，此时应以放牧为主，舍饲为辅。由于休产期处于外界气温较高的时期，也是野生的青绿饲料和牧草丰盛的时期，可以充分利用青绿饲料喂饲。

3. 种鹅的粗饲料与喂饲　在种鹅繁殖期经常使用的粗饲料，一是经过发酵处理的农作物秸秆粉，二是青贮饲料，三是干燥的树叶与粉碎的作物秧蔓。主要在冬季和早春缺乏青饲料的时期使用，这类粗饲料所含的营养水平比较低，只能为鹅提供少量的营养物质，更多的是填充鹅的消化道。

经过发酵处理的农作物秸秆粉其营养水平比未经发酵处理的要有明显的提高，主要是秸秆经过微生物发酵后将其中的一些粗纤维分解为容易利用的淀粉或糖，微生物本身也合成一些菌体蛋白，这些都能够被鹅消化和吸收。在冬季和早春种鹅日粮中经过发酵处理的农作物秸秆粉的用量可以占到30%~45%，使用的时候最好是与其他饲料混合以利于鹅的采食（图6-83）。

图6-83　青贮料+精料

休产期可以喂饲青贮饲料，青贮饲料是将茎叶尚处于青绿多汁时期的青草、秸秆等经过水分调整、切碎后填于青贮设施内并密封保存5周以上的饲料，能够为鹅提供较多的营养，也能够起到填充消化道的效果。在密封期间，乳酸菌发酵，原料中的碳水化合物形成乳酸，并将其他细菌杀死，使得饲料能够长期保存（图 6-84）。这些饲料原料在保存期间营养的损失很少，而且青贮饲料有酸香味。青贮饲料的用量可占到饲料总量的 20%～60%。青贮饲料喂饲前可用揉切机进行揉碎处理，以利于鹅的采食和消化。变质的青贮饲料不能使用。

图 6-84　秸秆青贮制作

休产期间可以对种鹅进行活体拔毛，每只鹅在休产期可以拔毛 2～3 次。在种鹅休产期进行选择和淘汰，淘汰老弱病残者、抱窝性强的母鹅（抱窝率高的品种要有所选择）和雄性不强的公鹅。同时，每年按比例补充新的后备种鹅，新组配的鹅群必须按公、母比例同时更换公鹅。

鹅群经过大约 5 个月的休产期后，于 9 月底或 10 月初进入下一个产蛋期，因此在 8 月底或 9 月初应对调整后的鹅群接种小鹅瘟、鸭瘟和禽流感疫苗。同时根据鹅的膘情开始增加精饲料的用量，为开产做准备。

第七部分　鹅场卫生防疫与保健

随着养鹅业的迅速发展，鹅及鹅产品的广泛流通，疫病传播渠道不断增加，鹅病发生亦趋复杂化，规模化鹅场的安全问题面临着严重考验。鹅群一旦发病，特别是发生某些烈性传染病，可导致严重的经济损失。因此，规模化养鹅场必须坚持“以养为主，养重于防，养重于治，养防结合，综合防治”的防疫方针，制定严格的综合性卫生防疫措施，确保禽群不发生或少发生疫病。图 7–1 所示为感染疫病的鹅群。

图 7–1　感染疫病的鹅群

第一节　综合性卫生防疫措施

鹅场的综合性卫生防疫措施主要包括以下几方面。

一、场区布局要求

（一）场址要求

场址应选在水源充足、水质良好、环境卫生条件较好的地方（图 7-2），并且交通、能源供应便利，距离公路、河流、村镇、居民区、工厂、学校 500 米以上，远离屠宰场、畜产品加工厂、垃圾及污水处理厂 2 000 米以上的地点。

图 7-2 水源良好

（二）生产区要求

生产区与生活区必须严格分开，禽场大门、生产区入口要建与门同宽、长于最大车轮周长 1.5 倍的消毒池（图 7-3）。生产区门口必须建更衣室、消毒室。每栋禽舍门口要建消毒池。

（三）鹅舍布局要求

鹅舍的建设应根据本地区主导风向合理布局，从上风头向下风头，依次建筑饲料加工、孵化、育雏、育成、成年鹅等房舍。此外，还应建立隔离间、兽医室、解剖室、粪便和死禽处理场所等相关配套设施。兽医室、解剖室、粪便和死禽处理场所均应设在下风向及地势较低的地方，远离健康禽舍，以免传播疫病（图 7-4）。

图 7-3　大门消毒设施

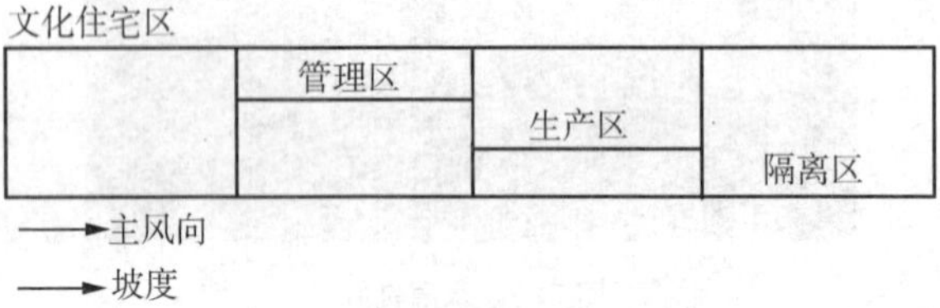

图 7-4　各区依地势、风向配置示意图

（四）道路要求

场内道路净道、污道分离，道路要硬化。净道用于运送种鹅、种蛋、饲料等，污道用于运送淘汰鹅、病死鹅、粪便及用过的垫料等，两条道不交叉，以免相互污染（图 7-5）。

二、严格隔离

（一）养殖场与外界环境的隔离

鹅场要做到与外界环境相对隔离，使场内与场外处于相对封闭的状态。隔离措施主要包括设置隔离建筑物、绿化隔离和建立限制进出制度。

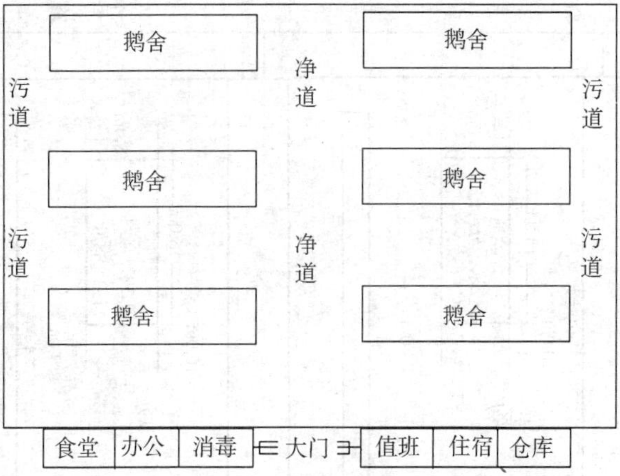

图 7-5 道路设计

1. 设置隔离建筑物 设置隔离建筑物是指鹅场要建筑必要的隔离建筑物，将养殖场从外界环境中明确的划分出来，并起到限制场外人员、动物、车辆等自由进出养殖场的作用，隔离性建筑物包括围墙、防疫壕沟等。鹅场内根据生物安全要求的不同，应划分生产区、管理区和生活区，各区之间也应建筑围墙等隔离性建筑物（图 7-6）。

2. 种植绿化带 青草和树木能够吸附大量的粉尘和有害气体及微生物，能够阻挡禽舍之间气流的流动，能够调节禽场内的小气候。应在鹅场四周、禽舍周围、道路两旁种植乔木、灌木和草，全方位实现绿化隔离。

3. 建立限制进出制度 鹅场应严格限制外来人员、车辆等进出场区和生产区。必须进入时，要进行严格消毒，并进行登记记录；同样，鹅场工作人员也禁止任意离开场区，必须离场时，要严格进行消毒，并进行包括人员姓名和岗位、外出日期、外出目的等内容在内的登记记录；生产区内使用的车辆禁止离开生产

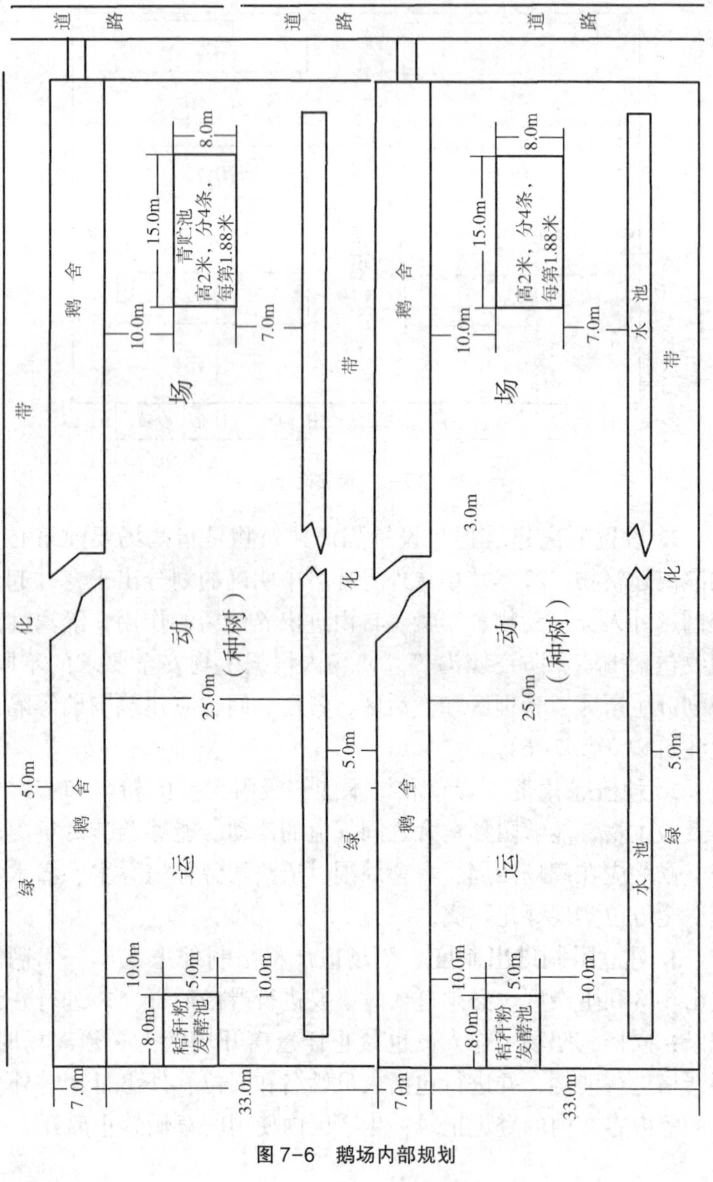
道 路
道 路
道 路
鹅 舍
鹅 舍
鹅 舍
鹅 舍
绿 化 带
绿 化 带
绿 化 带
运 动 场
（种树）
运 动 场
（种树）
青贮池
高2米，分4条，
每第1.88米
高2米，分4条，
每第1.88米
秸秆粉
发酵池
秸秆粉
发酵池
水 池
水 池
15.0m
8.0m
10.0m
7.0m
25.0m
5.0m
3.0m
33.0m

图 7-6　鹅场内部规划

区使用，运输饲料、动物的车辆应定期进行消毒。鹅场做好灭鼠、灭蝇工作，场内不得饲养其他家禽家畜。

（二）场区内的隔离

鹅场内各群之间也要做到充分隔离，其中包括不同生产小区之间的隔离、各鹅舍之间的隔离、不同鹅舍间物品的隔离以及饲养管理人员之间的隔离等。

1. 不同生产小区之间的隔离 在规模化鹅场会有多个生产小区，不同小区内饲养不同生理阶段或不同品种的鹅，而不同生理阶段的鹅对疫病的抵抗力、平时免疫接种的内容、对不同疫病的感染性、粪便和污水的产生量都有差异，因此应做好相互之间的隔离管理。要求各小区间距为 60 ~ 80 米；在隔离带内可设置隔离墙或绿化隔离带以阻挡不同小区人员相互来往。每个小区的门口要有消毒设施，以便于出入该小区的人员和车辆的消毒。

2. 场区内各鹅舍之间的隔离 在鹅场规划设计时进行分区设计，使相同类型的鹅群集中饲养在一个区域内。若鹅舍之间距离比较小，由于通风换气，由一栋舍内排出的污浊空气就会进入到相邻鹅舍，造成相邻舍鹅群感染。鹅舍间距应保持在 30 ~ 50 米；鹅舍之间种植树木（灌木与乔木搭配）以起阻挡和过滤作用，减少相互之间的影响（图 7–7）。

3. 不同鹅舍之间用品的隔离 不同鹅舍之间用品的交换会带来疫病相互传播的潜在威胁。要求各个禽舍饲养管理用品必须固定，各自配套。公用的物品在进入其他禽舍前必须进行消毒处理。

4. 饲养管理人员之间的隔离 在鹅场内不同禽舍饲养人员不能相互来往，因为不同鹅舍内鹅的年龄、免疫接种状态、健康状况、生产性质等都可能存在差异，饲养人员的频繁来往会造成不同鹅舍内疫病相互传播的危险。

图 7-7　鹅场鸟瞰图

三、严格消毒

消毒是指通过物理、化学或生物学的方法杀灭或清除环境及传播媒介上的病原微生物的技术。对于鹅场而言，消毒是贯彻“预防为主”方针的重要措施。通过消毒可以杀灭病原微生物，切断传播途径，阻止疫病的传播和蔓延。

（一）车辆消毒

在鹅场大门口建车辆消毒池。消毒池与门同宽，长于最大车轮周长 1.5 倍，深度大于 15 厘米。消毒池内配制 2% 氢氧化钠溶液、10%~20%石灰水或 3%~5%煤酚皂液（来苏儿），每周更换 2~3 次，对来往车辆的轮胎进行消毒。设喷雾消毒装置，对车身和车底盘进行消毒（图 7-8）。

（二）人员消毒

所有进入生产区的人员，必须坚持“三踩一更”的消毒制度。在禽场大门口人员消毒通道内对过往人员进行喷雾消毒，喷雾消毒液可采用 0.1% 百毒杀溶液或 0.1% 新洁尔灭或 0.2% ~ 0.3%过氧乙酸；工作人员进入生产区之前，应在更衣室内换上工作服，用消毒液洗手，在生产区门前消毒及禽舍门前消毒后方

图 7-8　过往车辆消毒

可进入（图 7-9）。

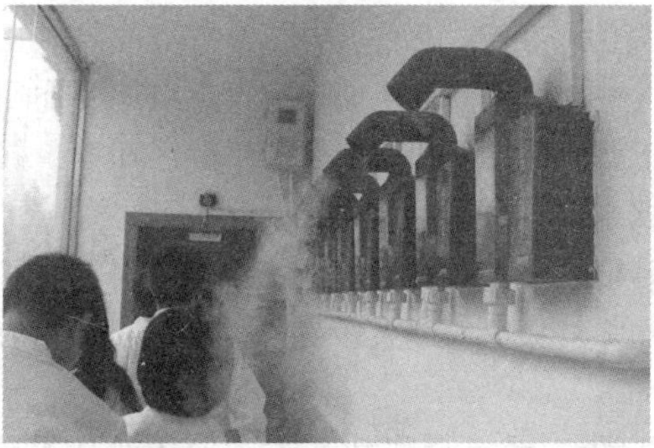

图 7-9　人员消毒

(三) 环境的消毒

进鹅前对鹅舍周围 5 米以内的地面用 0.2%~0.3%过氧乙酸或 2%的氢氧化钠喷洒消毒；鹅舍周围 1.5~2.0 米撒生石灰消毒；鹅场内（生产、行政管理、生活）的道路、建筑物等要定期消毒，尤其是生产区的主要道路应每天或隔天喷洒药液消毒，必要时可用火焰消毒器对重点部位烧灼消毒（图 7-10）。

(四) 空禽舍的消毒

每栋禽舍全群移出后，在下一批家禽进舍之前，必须对禽舍

图 7-10 舍内消毒

及用具进行全面彻底的严格消毒，具体做法如下：

1. 清除粪污 在空舍后，先用2%~3%的氢氧化钠溶液或常规消毒液进行一次喷洒消毒，如果有寄生虫还要加用杀虫剂，主要目的是防止粪便、飞羽和粉尘等污染舍区环境，并移出饲养设备（料槽、饮水器、底网等），在一个专门的清洁区对它们进行清洗消毒。对排风扇、通风口、天花板、笼具、墙壁等部位的积垢进行清扫，并将灰尘、垃圾、废料、粪便等一起清扫集中做无害化处理。

2. 高压冲洗 经过彻底清扫后，使用高压冲洗车（图 7-11）的水枪由上到下、由内向外冲洗干净。对于较脏的地方，可先进行人工刮除再冲洗。并注意对角落、缝隙、设施背面的冲洗，做到不留死角，不留污垢，真正达到清洁的目的。

3. 干燥 水洗后因地面有水，会影响消毒药物的渗透而降低消毒效果，所以应空置1天以上，待禽舍干燥后才能喷洒消毒药。

4. 喷施消毒剂 常用的消毒剂有碱性消毒剂（2%氢氧化钠溶液）、氯制剂及复合碘制剂。喷施消毒的顺序是自上而下（图 7-12）。

图 7-11　高压冲洗车

图 7-12　鹅舍外喷施消毒剂

为了提高消毒效果，一般要求使用两种以上不同类型的消毒药进行至少 2 次消毒，即第一次喷施消毒 24 小时后用高压水枪冲洗，干燥后再喷施第二次。第一次使用碱性消毒剂，第二次使用氯制剂、复合碘制剂或表面活性剂。要使消毒对象表面湿润至挂水珠。在喷施消毒药之前，还可使用火焰喷射器灼烧墙壁等进行消毒。

5. 熏蒸消毒　待消毒液稍干燥后，把所有用具放入禽舍，将禽舍门窗、通风孔封闭，在舍内温度升至25℃以上、相对湿度在60%以上时进行密闭熏蒸消毒。熏蒸消毒一般可选用高锰酸钾和甲醛，每立方米的禽舍空间需福尔马林（37%甲醛）溶液28毫升、高锰酸钾14克，此为二级消毒；若要提高消毒效果，可分别提高到42毫升和21克。消毒人员操作时要带防毒面具，先将高锰酸钾轻轻放入瓷盆中，再加等量的清水，用木棒搅拌至湿润，然后小心地将福尔马林倒入盆中，操作员迅速撤离禽舍，关严门窗即可。待熏蒸24小时以后，打开门窗、天窗、排风孔将舍内气味排净。消毒工作完成后，禽舍应关闭，避免闲杂人员入内（图7-13）。

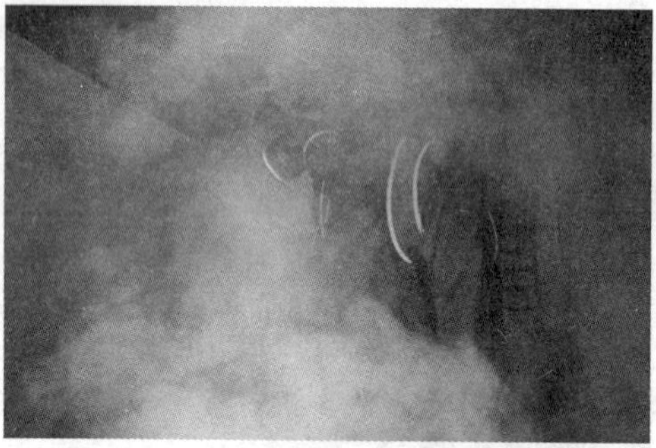

图7-13　舍内熏蒸消毒

（五）带禽消毒

带禽消毒是指定期用消毒药液对鹅舍、笼具和鹅体进行喷雾消毒。带禽消毒能有效抑制舍内氨气的产生和降低氨气浓度，可杀灭多种病原微生物，有效防止各种呼吸道疾病的发生，夏季还有防暑降温的作用。带禽消毒是当代集约化养鹅综合防疫的重要组成部分，是控制舍内环境污染和疫病传播的有效手段之一。在10日龄以后即可实施带禽消毒。一般育雏期每周消毒2次，育成期和产蛋期每周消毒1~2次，发生疫情时每天消毒1次（图

7-14）。

图 7-14　带禽消毒

带禽消毒应选择刺激性小、作用强、广谱、低毒、对人禽无害的消毒剂。常用于带禽消毒的消毒剂有 0.2%～0.3%过氧乙酸、0.1%新洁尔灭、0.2%～0.3%次氯酸钠和 0.05%百毒杀等。

消毒器械一般选用高压喷雾器或背负式手摇喷雾器，要喷到墙壁、屋顶、地面，以均匀湿润和鹅体表微湿为宜，不得直喷鹅体。雾粒大小控制在 80～120 微米，不要小于 50 微米。雾粒过大，易造成喷雾不均匀和禽舍太潮湿，且在空中下降速度太快，与空气中的病原微生物、尘埃接触不充分，起不到消毒空气的作用；雾粒太小，则易被家禽吸入肺泡，诱发呼吸道疾病。喷雾以距离禽体 50 厘米左右为宜。

（六）设备用具的消毒

设备用具可先用水冲刷，洗净晾干后再进行浸泡消毒，并在熏蒸禽舍前送回禽舍内进行熏蒸。有些设备如蛋箱、运输用鹅笼等因传染病源的危险性大，应在运回饲养场前进行消毒，或在场外严格消毒（图 7-15）。

（七）饮水消毒

饮水是传播传染病的重要渠道，必须重视对饮水的彻底消毒和水源的保护。使用饮水槽的养禽场最好每隔 3～4 小时换一次

图 7-15　运输筐浸泡消毒

饮水，保持饮水清洁，饮水槽和饮水器要定期清理消毒。饮水消毒是在体外将饮水中的病原微生物杀灭，以防止鹅饮水时感染传染病并发生传播。预先在另外的容器内调制成稀释液，然后放在饮水器或饮水槽内让鹅饮用。常用的消毒剂：漂白粉，每 50 升水中加入 1 克；三氯异氰脲酸，每升水中加入 4~6 毫克；百毒杀，配成 0. 002 5%~0. 005%溶液。

四、实行全进全出的饲养制度

养鹅场应该按照控制传染病的原则，采取全进全出的饲养制度。所谓全进全出，是指在一个相对独立的饲养单元内，饲养同一日龄、同一品种和同样生产功能的家禽，在生产结束需要淘汰时同时出栏。这种饲养制度在疫病控制上便于采取各种有效措施，最大限度地消灭场内病原体，防止传染病的恶性循环。空场后，全场进行彻底清扫、清洗、消毒，闲置 2 周以上，然后进下一批家禽（图 7-16）。实行全进全出的饲养制度，使同一日龄、同一品种、同样生产功能的家禽，在同样的环境条件下合理饲养，这样使鹅群的各项个体特征具有统计学上的一致性，也有利于群体生产性能的提高和标准化、批量化生产。

图 7-16　舍内彻底消毒

五、制订科学防疫计划

根据当地疫情、鹅群的抗体消长规律和监测结果，因地制宜地制订适合本场疫病防制的免疫程序，增强鹅体抗病能力。购买疫苗时必须选购正规厂家生产的疫苗产品，每购进一批疫苗须经质量检验合格后再使用。免疫的剂量要准确，接种应按规定方式、方法严格认真操作，严禁擅自随意操作。免疫前后要保护好鹅群，免受野毒的侵袭，要避免各种应激。免疫时对鹅群增加一些维生素 E、维生素 C 等，以提高免疫效果。

药物预防是针对某些疫病，在饲料或饮水中加入某些安全廉价的药物进行集体预防，在一定时间可以使受威胁的易感家禽免受疫病危害。药物预防是集约化养鹅生产中经常使用的预防疫病发生的技术措施。合理正确的使用药物，能够起到防止传染病的发生，促进鹅体健康生长的作用。特别是对于目前还未研究出理想疫苗的疾病，如沙门杆菌病、大肠杆菌病、球虫病、曲霉菌病等，药物预防更有十分重要的实际意义。在进行药物预防前必须了解当地和本场的疫病流行情况和流行特点，选择有效的药物，确定预防的最佳时间，这样既可以达到预防效果又能省力省药。具体免疫程序见表 7-1。

表 7-1 后备鹅免疫程序

日龄（天）	疫苗	免疫途径	备注
1	小鹅瘟高免血清或高免收黄	肌内注射	也可接种弱毒疫苗
10~15	1. 小鹅瘟高免血清或高免蛋清	肌内注射	也可接种弱毒疫苗
	2. Ⅰ型副黏病毒灭活疫苗	皮下或肌内注射	0.5 毫升/只
20~30	1. 鹅的鸭瘟弱毒疫苗	肌内注射	2 羽份
	2. 小鹅瘟弱毒疫苗	皮下或肌内注射	2 羽份
	3. 禽霍乱灭活苗	颈部皮下注射	0.5 毫升/只
60	鹅副黏病疫苗	皮下或肌内注射	1 毫升/千克体重

六、做好疫病监测及防应激工作

（一）流行病学监测

在较大范围内有计划、有组织地收集流行病学信息，为防疫提供依据。当疫情发生时，通过监测本场鹅群的抗体消长及周围养禽场的发病情况，及时做出反应，迅速采取果断措施（如封锁、严格消毒）。

（二）抗体效价监测

通过监测抗体效价变动规律以确定适时免疫接种时间和科学免疫程序，更有效地预防传染病的发生和流行。

（三）免疫监测

通过免疫监测，了解鹅群的免疫状态，考察现行的免疫程序，监测疫苗接种的效果，以确定最佳的免疫方法和程序，使鹅群始终保持良好的抗病状态。接种冻干苗 8~10 天，接种油乳剂灭活疫苗后 15~22 天，必须监测一次抗体滴度，发现抗体滴度较低或不整齐时，应立即采取再次接种疫苗的补救措施（图 7-

17）。

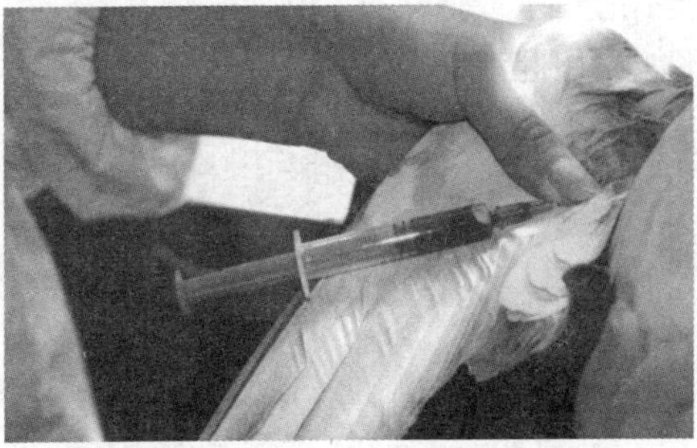

图 7-17　采血检测抗体效价

（四）减少应激

应激易造成免疫抑制，导致多种疾病的发生，目前在鹅场内存在的应激因素较多，主要包括温度、湿度、密度、通风透气、光照和噪声等。应注意禽舍的温度、湿度及通风换气，创造良好的条件，减少鹅只的应激。

第二节　养鹅安全用药技术

使用药物预防和治疗鹅病是保持养鹅业健康发展的重要措施之一。尤其在高度集约化养殖条件下，鹅群往往处于一种高度应激状态，在各种理化和生物因素作用下，很容易发病；而且鹅病一旦发生，蔓延快、危害大、耗费大、治愈率低，因此药物的防制在鹅业生产中起着至关重要的作用。

一、家禽药物的使用方法

（一）群体给药法

1. 混饲给药　将药物均匀地拌入料中，让鹅在采食饲料的同时摄入药物（图 7-18）。该法简便易行，节省人力，减少应激，效果可靠，适用于群体给药和预防性用药，尤其适用于长期性投药，对于不溶于水或适口性差的药物更为恰当。当病鹅食欲差或不食时不能采用此法。

图 7-18 饲料拌药

在应用混饲给药时，应注意以下几个问题：

（1）严格掌握混饲给药的浓度。鹅有效的剂量最好按其个体体重来计算。因此，在饲料中用药来预防或治疗疾病时，先要精确估计鹅的平均体重确定每只鹅必需的用药量，然后估计每只鹅每日平均的摄入饲料量，再按此比例混入药物，使每只鹅每日都能吃到应有的药量。

（2）药物和饲料必须混合均匀。混合不均匀，可使部分禽只药物中毒和部分禽只吃不到药物，达不到防治目的。尤其是对于家禽易产生毒副作用的药物及用量较少的药物，更要充分均匀混合。混合时应采用逐步稀释法，即先确定混饲的药物浓度，将药物和少量饲料混匀，然后将混合药物的饲料拌入一定量的饲料中混匀，最后将混合好的饲料加入大批饲料中，继续混合均匀。

（3）注意药物与药物、药物与饲料组分的相互作用。例如，氨丙啉与硫胺素的结构相似，能有效地抑制球虫的硫胺代谢而起抗球虫作用，当饲料中的硫胺素含量高时，其抗球虫作用减弱。因此，使用抗球虫药氨丙啉时，每千克饲料中维生素 B_1 的添加量应在 10 毫克以下。饲料中长期添加磺胺类药物，易引起维生素 B 和维生素 K 的缺乏，这时应适当补充这些维生素。莫能菌素、盐霉素禁止与泰乐菌素、泰妙菌素、竹桃霉素合用，否则会造成鹅只生长受阻，甚至中毒死亡。因此，饲料中若含有抗球虫的莫能菌素、盐霉素，在治疗鹅的慢性呼吸道病时就不能选用泰乐菌素、泰妙菌素。

2. 混饮给药　将药物溶解于饮水中让鹅自由饮用。适于短期投药或群体性紧急治疗，特别适用于鹅因病不能食料，但还能饮水的情况（饮水加药器如图 7-19 所示，饮水投药方式如图 7-20 所示）。

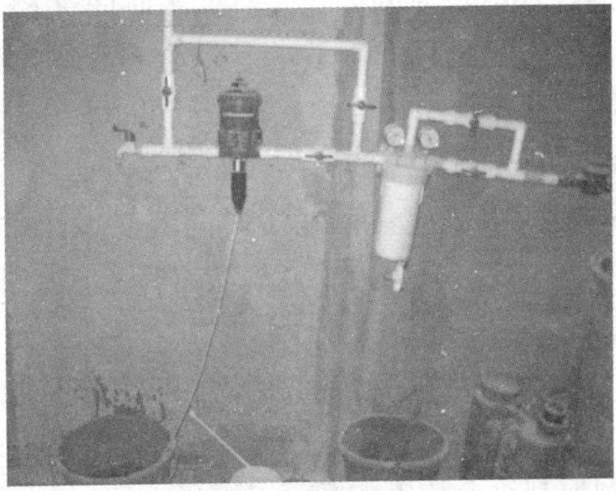

图 7-19　饮水加药器

混饮给药时，应特别注意以下几点。

（1）药物性质。注意药物的溶解度。通过混饮给药的主要是易溶于水的药物；较难溶于水的药物，通过加热、搅拌或加助溶剂等方法能溶解（但不被破坏）并可达到预防和治疗效果的，也可以通过饮水给药；对于经上述处理仍不能溶于水的药物，则

图 7-20　饮水投药

不能混饮给药，但可以拌料给药。溶于水的药物，应至少在一定时间内不被破坏，中草药用水煎后再稀释也可通过饮水给药。

（2）掌握饮水给药时间的长短。饮水时间过长，药物失效；时间过短，有部分鹅摄入剂量不足。在水中不易被破坏的药物，如磺胺类药物、氟喹诺酮类药物，其药液可以让鹅全天饮用；对于在水中一定时间内易破坏的药物，如盐酸多西环素、氨苄西林等，药液量不宜太多，应让鹅在短时间（1~2 小时）内饮完，从而保证药效。在规定时间内未能喝完的药液应及时去除，换上清洁的饮水。

（3）注意药物的浓度。药物在饮水中的浓度最好以用药家禽的总体重、饮水量为依据。首先计算出一群家禽所需的药量，并严格按比例配制符合浓度的药液。准确地掌握药液浓度，才能避免浓度过低无药效或过高产生中毒反应，从而取得预期的效果。具体做法是先用适量水将所投药物充分溶解，然后加水到所需量，充分搅匀后，倒入饮水器或饮水槽中供家禽饮用。不能将药物直接加入流动的水槽中，这样无法准确计量。饮水前要把水槽或饮水器冲洗消毒干净。

（4）水量控制。根据家鹅可能饮水量来计算药液量，鹅每天饮水量一般在 1.5~2 升，根据季节有所变化。药液宜现配现用，以一次用量饮完为好，以免药物长期放置而降低疗效。水量太少，易引起少数饮水过多的禽只中毒；水量太多，一时饮不完，达不到防治疾病的目的。如冬天家禽饮水量一般减少，配给药液就不宜过多；而夏天饮水量增高，配给药液必须充足，否则就会造成部分禽只缺饮，影响药效。药量常以家禽 24 小时饮水量的 1/5~1/4 为宜。

（5）注意水质对药物的影响。混饮给药一般用去离子水为佳，因为水中存在的金属离子可能影响药效的发挥。此外，也可选用深井水、冷开水和蒸馏水。井水、河水最好先煮沸，冷却后，去掉底部沉淀物再用；经漂白粉消毒的自来水，在日光下静置 2~3 小时，待其中氯气挥发后再用。

（6）用药前停水。为使鹅群在规定时间内能顺利将药液喝完，在用药前，必须对其先行断水。断水时间视舍温情况而定，舍温在 28℃以上，控制在 1.5~2 小时；舍温在 28℃以下，控制在 2.5~3 小时。另外，投药时饮水器要充足，应多准备一些干净的饮水器具，保证鹅群在同一时间内都能喝上水，避免鹅竞争饮水而导致饮药量不均。

（7）注意药物之间的配伍禁忌。若同时使用两种以上药物饮水给药时，必须注意它们之间的配伍禁忌。有些药物同时使用时会发生中和、沉淀、分解等，使药物无效。如液体磺胺药与酸性药物（维生素 B、维生素 C、盐酸四环素等）合用会析出沉淀。

3. 气雾给药　气雾给药是使用气雾发生器将药物分散成为微滴，让鹅通过呼吸道吸入或作用于皮肤黏膜的一种给药法。此法对鹅舍条件要求严格，必须密闭门窗，温度要适宜，避免引起冷应激。气雾给药对于治疗鹅的呼吸道疾病和气囊炎有较好的效果（图 7-21）。

使用气雾给药时，应注意以下几点：

图 7-21　气雾给药

（1）恰当选择气雾用药。要求选择对动物呼吸道无刺激性，且能溶解于呼吸道分泌物中的药物，否则不宜使用。

（2）准确掌握用药剂量。同一种药物，其气雾剂的剂量与其他剂型的剂量未必相同，不能随意套用。应通过试验确定气雾剂的有效剂量。

（3）严格控制雾粒的大小，确保用药的效果。颗粒越小，越容易进入肺泡，但却与肺泡表面的黏着力小，容易随肺脏呼气排出体外；颗粒越大，则大部分散落在地面和墙壁或停留在呼吸道黏膜表面，不宜进入肺脏深部，造成药物吸收不好。临床用药时，应根据用药目的，适当调节气雾颗粒的大小。如果要治疗深部呼吸道或全身感染，气雾颗粒的大小应控制在 0.5～5 微米；如果要治疗上呼吸道炎症或使药物主要作用于上呼吸道，则要加大雾化颗粒。

（4）掌握药物的吸湿性。若要使微粒到达肺的深部，应选择吸湿性弱的药物；若治疗上呼吸道疾病时，应选择吸湿性强的药物。因为吸湿性强的药物粒子在通过湿度很高的呼吸道时其直径能逐渐增大，影响药物到达肺泡。

4. 外用给药 外用给药多用于鹅的体表，以杀灭体外寄生虫、体外微生物，或用于鹅舍、周围环境和用具等的消毒。应用外用给药，应注意下面几个问题：

（1）根据用药目的可选择不同的外用给药法。如杀灭体外寄生虫时可采用喷雾法，将药液喷雾到鹅体、鹅舍、窝巢上；也可以采用药浴法（注意鹅在药浴池饮水）；杀灭环境中的病原微生物时，可采用熏蒸法、喷洒法等。

（2）注意药物浓度。抗寄生虫药和消毒药物对寄生虫或微生物具有杀灭作用，同时对机体往往也有一定的毒性，如应用不当、浓度过高，易引起中毒。因此，在应用易引起毒性反应的药物时，不仅要严格掌握其浓度，还要事先准备好解毒药物，如用有机磷杀虫剂时，应准备阿托品等解毒药。

（3）用熏蒸法杀灭体外微生物时，要注意熏蒸时间，用药后要及时通风，避免对禽体造成过度刺激，尤其是对雏鹅、幼禽更要特别注意。

（二）个体给药法

1. 口服给药 口服给药是将药物经口投入食道的上端，或用带有软塑料管的注射器把药物经口注入鹅的嗉囊内。此法用药量准确，但费时费工（图7-22）。

2. 注射给药 当鹅病情危急或不能口服药物时，可采用注射给药。主要有皮下注射、肌内注射、静脉注射、气管注射和嗉囊注射等，其中以皮下注射和肌内注射最常用。注射给药时，应注意注射器的消毒和勤换针头。

（1）皮下注射。可采用颈部皮下、胸部皮下和腿部皮下等部位。皮下注射时用药量不宜过大，且应无刺激性。注射时由助手抓鹅或术者左手抓鹅，并用拇指和食指捏起注射部位的皮肤，右手持注射器沿皮肤皱褶处刺入针头，然后推入药液。

（2）肌内注射。可在预防或治疗禽的各种疾病时使用。常

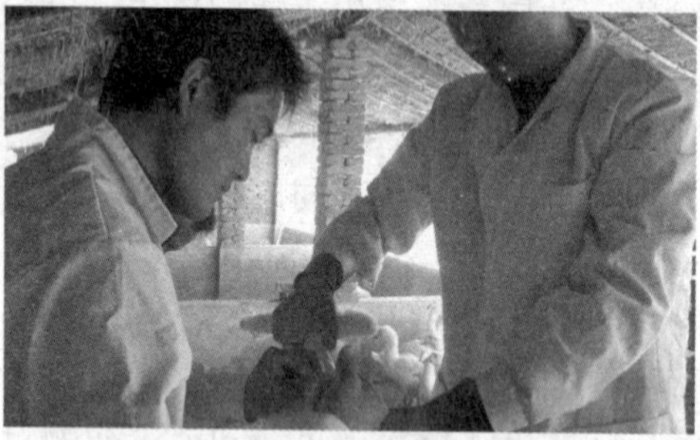

图 7-22　个体口服给药

用的注射部位有胸部肌肉和大腿外侧肌肉。溶液、混悬液、乳浊液均可肌内注射给药，刺激性强的药物可做深部肌内注射。注射时针头应与肌肉表面成 30～45 度角刺入，不可垂直刺入，以免刺伤大血管或神经，特别是胸部肌内注射时更应谨慎操作，切不要使针头刺入胸腔或肝脏，以免造成伤亡（图 7-23）。

图 7-23　胸肌注射给药

（三）种蛋与鹅胚给药法

种蛋与鹅胚给药法常用于种蛋消毒和预防蛋媒性疾病。

1. 熏蒸法　种蛋在熏蒸前先用消毒液或抗生素溶液进行清洗，以消除蛋壳上污染的细菌，防止其进入种蛋内。种蛋的熏蒸常用甲醛，在密闭条件下进行，最好装有鼓风机，以便使甲醛产生的气体均匀到达各个角落，在熏蒸后用等量的16%~18%的氨水进行中和，也可打开门窗进行通风换气（图7-24）。

图7-24 熏蒸消毒

2. 浸泡法 浸泡法常用来控制蛋媒性疾病。选用对所要控制病原的有效抗菌药物，配成一定浓度的药液，将种蛋浸泡在药液中。为了使药液进入蛋内可采用真空法和变温法。真空法：将种蛋放入容器内，加入药液，然后用抽气机将密闭容器内的空气抽走，造成负压，并保持5分钟，最后恢复常压，再保持5分钟，使药液进入蛋内，将蛋取出晾干后即可进行孵化。变温法：将种蛋放入孵化器内，使蛋温升至37.8℃，保持3~6小时，然后趁热将蛋浸入4~15℃的药液中，保持15分钟，利用种蛋与药液之间的温度差造成负压，使药液进入蛋内。例如，预防鹅支原体病，可将种蛋表面清洗、消毒后孵热至37~38℃，放4~6小时，浸入4℃左右的泰乐菌素（浓度为0.04%~0.10%）溶液中15~20分钟，取出干燥后进行孵化。

3. 蛋内注射 将药物通过蛋的气室注入蛋白内或将药物直接注入卵黄囊内，以消灭通过蛋传播的病原微生物。如预防鹅败血支原体病，可将庆大霉素注入蛋白内或将泰乐菌素注入卵黄囊内。

二、合理用药

（一）坚持预防为主的原则

现代家禽品种代谢旺盛，生产效率高，但抵抗力弱，易受各种应激因素影响而发病。特别是一些烈性病毒性传染病，如小鹅瘟、禽流感等，一般没有特效的化学药物进行治疗，目前主要靠疫苗进行预防。因此，预防为主的原则在禽病防治中尤为重要。为此，要重视孵化、育雏、育成、产蛋各环节的处理和用药，要清楚地了解本地的常发病、多发病，根据季节、家禽日龄，制订出明确的早期预防用药方案，包括消毒药物、各种疫苗以及预防各种禽病的常规用药等，以保证在整个生产周期内有效地预防疾病的发生。

（二）根据鹅的生理特点用药

（1）鹅类有丰富的气囊，气雾给药可获得较好疗效。

（2）鹅类的味觉、嗅觉不灵敏，在饲料中添加食盐时，一定要注意其粒度大小，且要注意混合均匀并严格控制添加剂量。鹅消化不良时不宜使用苦味健胃药，而应选用芳香性健胃药（如大蒜）和助消化药（如稀盐酸）。

（3）鹅类无汗腺，用解热镇痛药来解救热应激效果不理想，所以应加强物理降温措施，也可在日粮或饮水中添加碳酸氢钠（小苏打）、氯化钾 、维生素C、杆菌肽锌等药物。

（4）鹅类不会咳嗽，故慢性呼吸道病使用强力镇咳药（如可待因等）是没有意义的，此时可选用祛痰药（如氯化铵）缓解气管黏膜炎症反应。

（5）鹅类不会呕吐，禽类内服药物或其他毒物产生中毒时，不能使用催吐药（如硫酸铜等）排除毒物，而应采用嗉囊切开术，及时除去未被吸收的毒物。

（6）鹅类的肾小球结构较哺乳动物简单，有效滤过面积小，故对肌内注射后经肾排泄的链霉素非常敏感，易造成家禽休克，甚至死亡。

（7）鹅类对磺胺类药物的平均吸收率较其他动物高，当药量偏大或用药时间过长，对家禽特别是外来纯种禽或雏禽会产生很强的毒性反应。表现为雏禽脾脏肿大、出血、梗死，成禽食欲下降、产蛋下降、蛋壳变薄，蛋破损率和软蛋率升高。因此，在治疗家禽肠炎、球虫病、禽霍乱、传染性鼻炎等疾病时应选择乙酰化率低的磺胺类药物，并同时使用小苏打以碱化尿液促进乙酰化物排出。

（8）鹅类缺乏充分的胆碱酯酶贮备，对有机磷酸酯类非常敏感，故家禽驱线虫时应慎用敌百虫，禁用敌敌畏，最好选用左旋咪唑、苯并咪唑类。

（9）鹅的大肠吸收维生素 K 的能力较差，生产中添加磺胺类药物控制球虫时，也使合成维生素 K 的微生物受到抑制，因此家禽容易发生维生素 K 缺乏症，故在饲料中应根据实际情况添加维生素 K。同时，治疗球虫病时添加维生素 K 有利于控制疾病。

（10）产蛋禽应禁用降低血钙水平、影响产蛋的药物，如磺胺类药物、链霉素等；也不能使用影响子宫功能的药物，如新斯的明、氨甲酰胆碱等；同时也不能使用抑制下丘脑分泌促性腺激素的药物，如丙酸睾丸酮、己烯雌酚等；产蛋禽不能使用莫能菌素，因为本品容易在蛋中残留，而且剂量过大会大大降低其产蛋率。

（三）正确诊断，合理选药

正确的诊断是合理选择药物的前提。平时要注意本地区禽病的发生与流行动态，全面掌握本场禽群的健康状况、饲料及消耗量，发现异常要尽快分析原因并采取措施。禽群一旦发病，应尽可能采取各种诊断手段进行确诊，有条件的应进行免疫监测和病原分离。

应选用高效、价廉、易得、不良反应小的药物。有些病不一定要用最新的药，特别是不一定要用价格高的药物。有条件的最好对病原菌进行分离后做药敏试验，选择效果最为显著的药物。

（四）制定合理的给药方案

1. 选择合适的给药途径 合适的给药途径是药物取得疗效的保证。采用何种给药途径取决于药物本身的理化性质和鹅的病情、食欲、饮欲状况以及鹅群大小等因素。不溶于水的药物要混料饲喂，且混合要均匀；易溶于水的药物多采用饮水给药，但须注意药物溶于水后要在规定的时间内饮完。若家禽发病后食欲下降甚至废绝，拌料给药达不到治疗目的，此时常采用饮水给药；在治疗严重的消化道感染并发败血症、菌血症时，除了内服给药外，往往还要配合注射给药（图 7-25）。

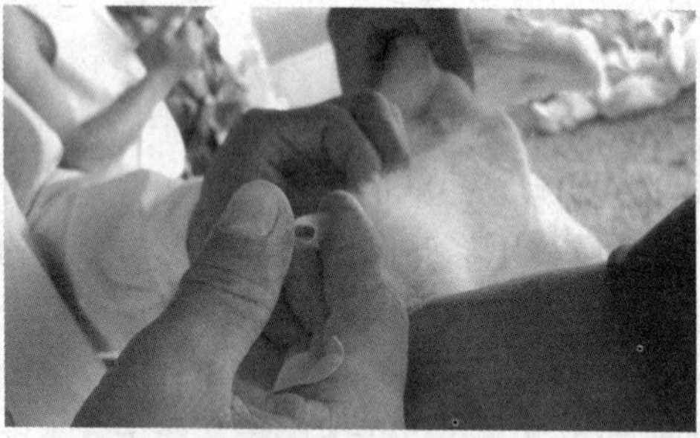

图 7-25 药物注射

2. 控制合适的剂量 根据用药的目的、病情的轻重缓急及病原体对药物的敏感性确定适宜的给药剂量。首次用量可适当增加，随后几天用维持量，用量不能过多或过少。剂量太小不仅达不到治疗疾病的目的，还无端造成药物浪费，贻误治疗，且易产生耐药菌株；剂量太大易产生毒性反应和药物残留。

3. 要有足够的疗程　药物在体内不断代谢，足够的疗程才能保证有效血药浓度的时间，达到彻底消除病因的效果。疗程的长短应根据病情的长短而定。一般传染病和感染症应连续用药3~5天，直到症状消失后再用1~2天，停药过早易导致疾病复发。对于某些慢性病，应根据病情需要而延长疗程。

（五）正确的联合用药，注意配伍禁忌

临床上为了增强药物的疗效，减少或消除药物的不良反应以及治疗不同症状或混合感染，常常采取同时或短期内先后应用两种或两种以上的药物，称为联合用药。联合用药可能会发生药动学的相互作用，从而影响药物的吸收、分布、生物转化和排泄；或在药效上可能发生协同作用或拮抗作用。临床上应注意利用药物间的协同作用提高疗效，避免配伍禁忌。

（六）采取综合治疗措施，促进疾病康复

药物的作用是通过机体表现出来的，家禽机体的功能状态与药物的作用有密切关系。因此，在使用药物治疗疾病时，一定应注意饲养管理和环境因素。以抗菌药为例，抗菌药只对病原菌起作用，但对病原微生物的毒素无拮抗作用，也不能清除病原的尸体，更不能恢复宿主功能，有的抗菌药还具有一定的毒副作用。因此，在应用抗菌药物时，应注意以下几点：①加强营养，提高机体抵抗力；②加强管理，防止饲养密度过大，注意禽舍的温度、湿度、通风及采光，减少和消除各种诱因，打断发病环节；③对症或辅助用药，以救助病原及其毒素所致的机体功能紊乱，减轻药物的毒副作用。

（七）禁止使用违禁药物，防止兽药残留

禁止使用有致癌、致畸和致突变作用的兽药，禁止在饲料中长期添加兽药，禁止使用未经农业部门批准或已经淘汰的兽药，禁止使用对环境造成污染的兽药；禁止使用激素类或其他具有激素作用的物质和催眠镇静药物；禁止使用未经国家兽医行业主管

部门批准的基因工程方法生产的兽药；限制使用某些人、畜共用药物。注意兽药残留限量，严格执行休药期。最高残留限量通常是国家公布的强制性标准，决定动物性食品的安全性。所有药物都要遵守休药期或弃蛋期规定。肉禽用药尽量选用残留期短的药物，宰前 7 天停用一切药物，避免药残危害公共卫生。

第三节　鹅群免疫接种与免疫程序

免疫接种是指用疫苗等生物制剂，刺激机体在不发病的情况下产生特异性免疫力，使易感动物转化为非易感动物，从而达到预防禽病的目的。免疫接种的成败，直接关系到养殖场的经济利益。如果免疫成功，则家禽生产性能高，患病的概率低，治疗费用随之降低，从而获得更大的经济效益；如果免疫不确实或失败，可能会带来巨大的经济损失。为了养禽场的安全应制订合理的免疫程序，并进行必要的免疫监测，了解群体的免疫水平，及时调整免疫计划和采取必要的防制措施，减少疫病的发生。

一、鹅免疫接种的途径与方法

家禽免疫接种可分为群体免疫法和个体免疫法。群体免疫法是针对群体进行的，主要有饮水免疫法、气雾免疫法、拌料法，这类免疫法省时省力，但有时效果不够理想，特别是对幼雏；个体免疫法是针对每只家禽逐个进行，主要包括点眼和滴鼻法、刺种法、涂擦法以及注射法等，这类方法免疫效果确实，但费时费力，劳动强度大，且产生的应激大。采用哪一种免疫方法，应根据具体情况而定，既要考虑工作方便和经济合算，又要考虑疫苗的特性和免疫效果。

1. 滴鼻、点眼法　滴鼻、点眼法是用滴管或滴瓶将稀释过的疫苗滴入鼻孔或眼结膜囊内，以刺激其上呼吸道、眼结膜产生局部免疫。此法能确保每只鹅得到准确疫苗量，达到快速免疫，抗体效果好。对于幼雏来说，这种方法可以避免或减少疫苗病毒被母源抗体的中和。适用于弱毒活疫苗的接种，如新城疫Ⅱ系、Ⅳ系，Clone30及传染性支气管炎H120等疫苗的免疫。

2. 注射免疫法 注射免疫法是把疫苗注射到鹅的肌内或皮下组织中，刺激机体产生抗体（图7-26）。这种免疫方法免疫量准确均匀，效果可靠，但应激较大。适用于马立克病疫苗、新城疫Ⅰ系苗、鸭病毒性肝炎苗、禽病毒性关节炎疫苗及各种油乳剂灭活苗的免疫接种。

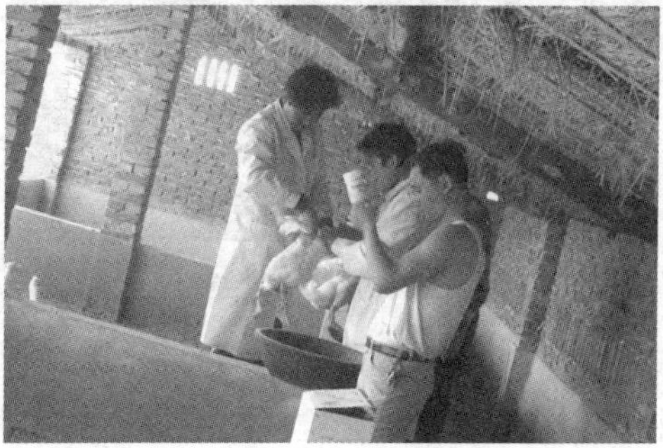

图7-26 注射免疫

在鹅群发病后进行紧急注射免疫时，先免疫健康群，再免疫假定健康群，最后免疫发病鹅群。在给病鹅注射时，最好每注射一只换一个针头。

3. 刺种法 刺种法多用于禽痘疫苗的接种。用接种针或蘸水笔尖蘸取疫苗，刺种于鹅翅膀内侧无血管处的翼膜内，通过在穿刺部位的皮肤处增殖产生免疫。

4. 泄殖腔涂擦法 泄殖腔涂擦法主要用于鹅传染性喉气管炎疫苗的接种免疫。接种时，将鹅泄殖腔黏膜翻出，用无菌棉签或小软刷蘸取疫苗，直接涂擦在黏膜上。

5. 饮水免疫法 饮水免疫法是根据鹅群的数量，将疫苗混合到一定量的蒸馏水或凉白开水中，在短时间内饮用完的一种免疫方法（图 7-27）。饮水时通过吞咽，病毒粒子经腭裂、鼻腔、肠道产生局部免疫及全身免疫。这种方法比个体免疫省时省力，方便安全，但由于受水质、肠道环境等多种因素的影响，免疫效果不佳，抗体产生参差不齐。

图 7-27 饮水免疫

6. 气雾免疫法 气雾免疫法是通过气雾发生器，使疫苗溶液形成雾化粒子，均匀地悬浮于空气之中，随呼吸进入肺内而获得免疫的方法。气雾法免疫尤其适合大群免疫，是群体免疫的好方法。

二、免疫程序

免疫程序是指根据禽场或禽群的实际情况与不同传染病的流行状况及疫苗特性，对特定禽群制定的疫苗接种类型、次序、次数、方法及时间间隔等预先合理安排的计划和方案。

制订科学合理的免疫程序，是获得最佳免疫效果的前提，是养殖成功与否的关键，在生产中，制订免疫程序时应遵循以下原则：①依据威胁本地区或养禽场的传染病的种类及规律合理安排免疫程序。对本地或本场尚未证实的传染病，不要冒然接种，只有证实已经受到严重威胁时，才能计划免疫，不要轻易引进新的疫苗，特别是弱毒苗。②根据所养鹅的用途及饲养期长短制订免疫接种程序，如种鹅在开产之前需要接种鹅的鸭瘟和Ⅰ型副黏病毒灭活疫苗，而商品鹅则不必。③选用疫苗毒（菌）株的血清型要与当地流行血清型一致，否则不能起到保护作用。④根据传染病流行特点和规律，有计划地进行免疫，如小鹅瘟在秋后多发，且以幼龄发病严重，因此北方地区应给3~10月的雏鹅接种小鹅瘟疫苗。⑤定期免疫监测，根据抗体消长规律，确定首免日龄和加强免疫的时间，灵活及时地调整免疫程序。

总之，免疫程序的制订必须根据本地禽病流行情况及规律，家禽的品种、年龄、用途、母源抗体水平和饲养管理条件，以及疫苗情况等因素而定，不能机械性地照抄照搬；同时，还应根据实际应用效果、疫情变化、禽群动态、免疫检测结果等情况随时调整。具体见表7-2。

表7-2　鹅免疫程序参考

日龄（天）	疫苗	免疫途径	备注
1	小鹅瘟高免血清或高免蛋黄	肌内注射	也可接种弱毒疫苗
10~15	1. 小鹅瘟高免血清或高免蛋黄	肌内注射	也可接种弱毒疫苗
	2. Ⅰ型副黏病毒灭活疫苗	皮下或肌内注射	0.5毫升/只
20~30	1. 鹅的鸭瘟弱毒疫苗	肌内注射	2羽份
	2. 小鹅瘟弱毒疫苗	皮下或肌内注射	2羽份
	3. 禽霍乱灭活苗	颈部皮下注射	0.5毫升/只
60	1. 鹅副黏病疫苗	皮下或肌内注射	1毫升/千克体重

续表

日龄（天）	疫苗	免疫途径	备注
开产前一个月	1. 鹅的鸭瘟弱毒疫苗	肌内注射	4羽份
	2. 小鹅瘟弱毒疫苗	肌内注射	4羽份
	3. 禽霍乱灭活苗	颈部皮下注射	1.5~2毫升/只
	4. Ⅰ型副黏病毒灭活疫苗	皮下或肌内注射	1.5~2毫升/只
每隔半年	1. 鹅的鸭瘟弱毒疫苗	肌内注射	4羽份
	2. 小鹅瘟弱毒疫苗	肌内注射	4羽份
	3. Ⅰ型副黏病毒灭活疫苗	皮下或肌内注射	1.5~2毫升/只

三、紧急接种

紧急接种是指在某些传染病暴发时，在已经确诊的基础上，为迅速控制和扑灭该病的流行，最大限度地减少损失，对疫区和受威胁的家禽进行的应急性免疫接种。紧急免疫接种应根据疫苗或抗血清的性质、传染病发生发展进程及其流行特点进行合理安排。

在紧急免疫接种时需注意：①紧急接种必须在疾病流行的早期进行，在诊断正确的基础上，越早越快越好。②在疫区应用疫苗进行紧急接种时，仅能对正常无病的家禽实施，对病禽和可能受到感染的潜伏期病禽，必须在严格的消毒下立即隔离，不能再接种疫苗，最好使用高免血清或其他抗体进行治疗。③按先后次序进行接种，应先从安全区再到受威胁区，最后到疫区。在疫区，应先从假定健康家禽开始接种，然后再接种可疑感染家禽。④注意更换注射器和针头，防止操作过程中由人员或器械造成的传染病蔓延或传播。